陈瑞君 著

乐观偏差的

影响因素

THE INFLUENCING
FACTORS OF

OPTIMISTIC BIAS

社会科学文献出版社
SOCIAL SCIENCES ACADEMIC PRESS (CHINA)

乐观挟持了理性思维，即便没有充足的证据支持，乐观也能指引我们对未来持有更美好的预期。

——塔利·沙罗特（Taili Sharot）

序 言

长期以来，乐观主义先后在哲学、文化学、社会学、经济学等领域受到关注。心理学界对乐观主义的反应相对慢一些，一方面是因为心理学过去长期将重心放在心理障碍、心理疾病等消极方面；另一方面是受研究方法的局限，过往的方法难以对乐观主义进行实证研究。

随着积极心理学的诞生，加之人们对心理学研究方法的拓展和重新认识，乐观主义受到越来越多心理学家的重视。

从 20 世纪 80 年代开始，积极心理学从不同角度对乐观主义进行了探讨。例如，在主观层面，有学者已经研究了关于个体积极的主观体验，研究了人们对未来希望的憧憬，研究了乐观主义的心理建构。

早期的研究结果已经表明，乐观主义是一种让个体高度获益的心理特质，与人们的主观幸福感、生活满意度、自尊及生理健康等都有关系。研究者普遍认为，乐观主义是一个与个体未来定向关系密切的概念，是一种对未来事件持积极正向预测的倾向。乐观主义反映的是个体对人和事的积极态度，这种态度可以泛化到人们社会生活的方方面面，能够对个体的认知和行为产生积极影响。

过往的研究表明，人们普遍倾向于积极地看待将来，即多数人相信"好事情更垂青自己，而坏事情更眷顾他人"。然而，如果根据统计学的概率论推断，多数人经历积极事件的可能性不应该高于平均水平；相反，遭遇消极事件的可能性也不应该低于平均水平。实际情况到底是怎样的？乐观主义是如何产生的？受哪些因素影响？应当如何研究？为回答类似问题，本书找到了一个特殊视角——乐观偏差。

本书是陈瑞君教授在其博士学位论文和博士后出站报告的基础上修改而成的。

本书的特色和给我们的启示主要有以下几点。

第一，以国外学者对乐观偏差的研究为参照，考察了中国文化背景下大学生群体的乐观偏差状况，探讨了产生乐观偏差的心理机制，为国内刚刚开始的乐观偏差研究提供了有益的启示。

第二，采用内隐研究范式，考察发现，乐观偏差具有无意识、自动化的内隐特点。从内隐层面研究乐观偏差，在方法论上对乐观偏差研究进行了有益补充。

第三，人格是一个复杂的综合体，以往有关人格因素对乐观偏差的影响研究并不多见，鲜有的研究也仅探讨某一人格因素对乐观偏差的影响。本书一次性探讨了气质性乐观及自我效能感两个人格因素对乐观偏差的影响，对已有研究是一种丰富和补充。

第四，从健康情境角度，采用实验法考察事件特征对乐观偏差的影响，丰富了研究视角。

第五，以往对乐观偏差的研究，多数停留在个体层面。本书难能可贵的是，在真实的组织情境中，初步考察了组织成员的组织认同感对乐观偏差的影响，这对后来者的研究具有启发、借鉴和参考作用。

第六，在已有文献中鲜见积极情绪、消极情绪如何影响乐观偏差的实验研究。陈瑞君教授在严格的实验设计基础上，用不同情境启动被试的积极情绪和消极情绪，考察两者对乐观偏差的影响，具有探索性和启发性。

秦启文

2020 年 2 月于重庆

目　录

第一章 乐观偏差研究综述

第一节 乐观概述

一 乐观概念的出现与发展

东西方文化中都蕴含着丰富的乐观主义思想，尤其中国文化更是有悠久的乐观主义传统。从《周易·系辞》的"乐天知命，故不忧"，到《老子》的"知足不辱"，《庄子》的"知其不可奈何而安之若命，德之至也"，以至《淮南子·人间训》中的"塞翁失马，焉知非福"，无不体现了乐观主义思想。但我国的乐观主义精神更包含了对环境的适应，不仅是对未来的积极期望，还有对当前的适应性以及对过去不利事件的积极解释。

在西方，乐观的概念可以追溯到 17 世纪的欧洲。笛卡尔是第一批表达乐观主义思想的哲学家，他相信人类可以掌控自己的宇宙，从而享受地球的果实，保持健康的身体。然而，明确作为一种哲学理论而登上历史舞台的"乐观"（optimismus）是 18 世纪上半叶才出现的一个现象。所谓的"乐观"，其词源来自拉丁文的"最好"（optimum）。通常的观点认为，莱布尼茨是乐观主义的鼻祖和第一位系统论证者。莱布尼茨认为，灾难和罪恶确实存在，但根本不像人们想象得那么严重。他教导人们开阔自己的视野，除了看到那些灾难和罪恶之外，也看到整个世界的和谐运转，看到世界作为一个整体的美好和圆满。莱布尼茨敏锐地揭示了人性的一个特点，即对好的东西熟视无睹，却对坏的东西非常敏感，进而走到夸大其词的地步。乐观主义绝不是否认这个世界上存在恶，但是它能够让人们上升到一个更高的境界，让人们摆脱个别的、片面的立场，看到整体、看到整体与个体的联系，让人们更全面、更平和地审视这个世界，以一种充满正能量的积极心态面对生活。由此可以看出，莱布尼茨的观点中蕴含了乐观主义思想。在莱布尼茨之后，乐观的概念从哲学领域逐渐拓展到伦理学、文化学、经济学和心理学等不同领域。

二 心理学有关乐观的研究

很长时间以来，有关乐观或乐观主义的讨论在哲学、文化学、经济学、伦理学等领域的相关理论中经常涉及，乐观被认为是推动人类进化的一种文化机制，具有进化学意义。因此，乐观在各个民族文化价值观念中受到普遍重视，但是有关乐观议题在心理学领域长期被忽视。自20世纪80年代积极心理学诞生之后，心理学界掀起了一波对乐观问题研究的热潮。积极心理学转变了一百多年来心理学过分关注人性的消极面和弱点的研究取向，开始将心理学引向探索和促进人类性格力量发展和美德完善的轨道。从20世纪80年代开始，研究者从各个层面对乐观进行了大量的研究。

三 乐观研究的相关概念

1. 乐观

从哲学角度来看，莱布尼茨认为，乐观是一种天然的理性范畴的认知方式——即使有时候美好、善良会伴随着一定的痛苦，但它们必然会战胜邪恶，这就是乐观的本质。然而，心理学所研究的乐观与莱布尼茨的观点有明显的区别。最早对乐观主义作出界定的是学者泰格（Tiger，1979），他提出，乐观是个体期望社会或事物能给自己带来社会利益或愉悦时所伴随的心境或态度。他进一步指出，乐观取决于人们认为什么是值得期望的，可以在个体对情感和情绪评估的基础上进行预测。泰格认为，乐观的思维方式是人类物种进化的重要特征，是个体应对未来时形成的一种能力，正是因为有这种能力，乐观的个体具有生存下来的强烈信念。

2. 气质性乐观

气质性乐观是由谢尔和卡弗（Scheier & Carver，1986）提出的，他们根据"个体对行为结果的期望会影响个体行为"这个行为自我调节模型的主要观点提出了气质性乐观的概念。它指的是个体对未来好结果的总体期望，这是一种类化的期望，并且具有跨时间和情境的一致性，也是一种稳定的人格特质（Scheier & Carver，1985）。有关气质性乐观的维度，有三种看法：第一种观点认为，气质性乐观是单维的两极连续谱，连续谱的两端分别是乐观和悲观，二者是对立的；第二种看法认为，气质性乐观是由乐观特质和悲观特质这两个相对独立的亚特质组成的，是一个二因素的结构，个体可能同时处在一定乐观水平和一定悲观水平；第三种观点认为，气质性乐观是一个由一级因素（包括乐观和悲观）和二级因素（即总体乐观水平）构成的等级模型结构。对气质性乐观的测量工具主要是谢尔（Scheier）等人编制的生活定向测验（the Life Orientation Test，LOT）及其修订版（LOT-R），他们提出，当个体遇到困难的时候，如果认为自己可以克服困难实现目标，寻求更多的社会支持并采取积极行为，那么他（她）就是乐观的；反之，如果个体面对困难看到的都是压力从而采取逃避行为，则他（她）就是悲观的。气质性乐观可以有效地预测个体在压力情境下是否有积极应对的行为或行为倾向。国外的研究者马歇尔（Marshall，1992）和弗雷德（Fred，2004）等对 LOT-R 进行了结构上的探索和验证，表明气质性乐观是一个二因素结构。LOT-R 引入中国后，我国学者通过对 LOT-R 的因素分析和结构方程模型检验，表明二因素的模型拟合性最好（温娟娟等，2007；陶沙，2006）。

3. 乐观解释风格

积极心理学的开创者塞利格曼（Seligman）则认为，乐观是一种解释风格，它指的是个体在对成功或失败进行归因时所表现出来的一种稳定的倾向。塞利格曼又将解释风格区分为乐观解释风格和悲观解释风格两种。持有乐观解释风格的个体往往将坏事归因于外部的、不稳定的、具体的原因，而将好事归因于内部的、稳定的、普遍的因素。相反，持有悲观解释风格的个体往往将好事归因于外部的、稳定的、具体的因素，而将坏事归因于内部的、不稳定的、普遍的因素。另外，塞利格曼提出，永久性、普遍性和个别性是解释风格的三个向度。由此可以看出，无论是乐观还是悲观解释风格都具有稳定性。

目前，心理学领域通常认为，乐观是一种对未来事件的正性预期的倾向，也是一种对人对事的态度。如果个体对事物抱有乐观态度，表明他对未来可能发生的事件有积极的预测，相信未来有好结果产生。

四 乐观的积极影响

乐观者具有的这种乐观态度可以泛化到生活中的每一个方面和每一个具体场合，从而对个体的认知和行为产生影响。乐观是一种高度获益的心理特征，它有益于人们的身心健康，乐观的人有较强的免疫力，在困难面前能积极应对，行为更持久，因此乐观者可以增进成就，乐观的个体能够在学业、职业生涯中取得较高的成就。乐观还有助于防止和减少疾病的发生，乐观者对生活有较高的满意度，环境适应性好，更可能寻求良好的健康行为。乐观还会影响投资决策，对未来预期乐观，则经济繁荣；预期悲观，则经济萧条。总之，乐观是心理健康、成熟和自强的标志，它不仅是人们对抗生活挫折的缓冲剂，还是抵抗疾病的第一道防线。乐观能够帮助人们更好地应对生命中的各种危机和挑战。

第二节　乐观偏差概念的提出及发展

虽然乐观让人更多看到事物好的方面，积极面对并坚持不懈达到目的，但有时人们会表现出不切实际的乐观，从而产生"乐观偏差"，即判断自己的风险要比他人的风险小，表现出盲目或过度乐观。大量的研究表明，人们的这种乐观偏差极其普遍，在各个领域都存在。因此，针对这一普遍现象，研究者展开了一系列有关"乐观偏差"的研究。

一　乐观偏差概念的提出

早在 20 世纪 30 年代有关人们对事件预测判断的研究就发现，当个体对社会或政治方面的事件进行预测判断时，会倾向于迎合个人偏好（Krizan & Windschitl，2007）。这引发了大量的研究去探讨人们对社会和政治事件的预测偏好或偏差。到了 20 世纪 50年代，有关研究不再局限于政治领域，开始转向考察人们对某些随机或偶发事件发生在自己身上的可能性进行预测判断时产生的偏差。20 世纪 60、70 年代，这些研究主要集中在交通事故和健康问题等方面。相关研究结果发现，多数人对将来事件的预测是有乐观倾向的，并且在某种程度上这种乐观倾向是不切实际的。例如，20世纪70年代美国癌症学会的一项调查表明，多数人认为自己经历危险事件、遭遇犯罪或身患疾病的可能性低于一般人，仅有少数人认为自己的风险会高于一般人（Harris & Guten，1979）。人们通常认为自己是不会受伤害的，或者自己遭遇危险的可能性至少是低于一般人的。温斯坦（Weinstein，1980）在其研究中最先采用"不切实际的乐观主义"（unrealistic optimism）这个概念描述这种现象，把它界定为"人们认为积极事件更可能发生在自己身上，而消极事件更可能发生在他人身上"，并进行了相关研究。在其后的研究中，温斯坦（Weinstein）也采用"乐观偏差"（optimistic bias）这个概念来描述这种现象。温斯坦指出，人们总是不能接受自己对坏事情的易感性。人们常常认为别人会遭遇抢劫、受到伤害或者离婚，但很少会想到这种不幸的事情会降临到自己身上。相反，人们总是认为自己与他人相比，诸如活过80岁、生一个禀赋超人的孩子、拥有幸福的婚姻生活等积极事件更可能发生在自己身上。温斯坦进一步提出，人们的这种认识不仅是对将来生活积极的期望，同时也是一种有偏差的认知判断。值得注意的是，尽管人们的这种乐观信念对某些特定个体而言可能是正确的，但它在群体水平上是不切实际的，在群体水平上表现为一种有偏差的估计。

二 乐观偏差概念的发展

在温斯坦之后，许多研究者也开始关注人们不切实际的乐观这种普遍存在的现象，并把乐观偏差研究拓展到健康行为、消费借贷、创业投资、青少年暴力行为、家庭暴力等领域，开展了大量的研究，提供了丰富的证据。虽然不同研究者在研究中对该现象采用了不同的概念进行命名，如乐观偏差、不切实际的乐观主义、比较

的乐观主义（comparative optimism）、个人寓言（personal fable）等
（Klein，2010），但不同的命名指的都是同一种现象，并且"乐观
偏差"这个概念是最常被使用的。因此，本书根据以往研究，采
用"乐观偏差"这个概念，并将其界定为："在事件发生概率相
同的条件下，与他人比较时，人们认为积极事件发生在自己身上
的可能性高于他人，而消极事件发生在自己身上的可能性低于他
人的倾向。"

第三节　乐观偏差的结构及测量

一　乐观偏差的结构和类型

（一）乐观偏差的结构

早在讨论乐观这个议题时，研究者就对其结构有一定争议，
不同研究者从各自角度提出了不同的观点：①一维观认为，乐观
是一个单维的对立的双极连续谱，一极是乐观，另一极是悲观
（Scheier & Carver，1985）；②二因素结构模型认为，乐观是由积
极的乐观特质和消极的悲观特质两个相互独立的亚特质组成的
（Marshall，1992；Fred，2004）；③等级结构模型提出，乐观是一
个等级结构模型，一级因素包括乐观和悲观，二级因素是生活定
向（即总体乐观水平）（Roysamb & Strype，2002）；④三因素结
构模型把乐观分为个人乐观、社会乐观和自我效能乐观三个因素
（Schweizer & Koch，2001）。这种关于乐观结构的争论扩展到对乐
观偏差结构的研究中。温斯坦（Weinstein，1980，1987）认为，
乐观偏差在积极事件和消极事件中都存在，它常常表现为两个方
面，一个方面是个体低估自己发生消极事件的可能性，另一个方
面是个体高估自己发生积极事件的可能性。泰勒和谢泼德

(Taylor & Sheppard, 1998) 提出, 乐观偏差应该与另一个相关概念——悲观偏差联系起来共同进行研究和测量。登伯 (Dember) 与其同事 (1989) 也认为, 把乐观偏差和悲观偏差视为一个单维连续体中相互对立的两极的看法是不恰当的。还有研究者开发了测量乐观—悲观量表 (Optimism-Pessimism Scale, OPS) 和生活定向测验 (Life Orientation Test, LOT), 考察乐观偏差和悲观偏差之间是否存在可测量的线性关系 (Chang & D'Zurilla, 1994; Dember & Brook, 1989)。这些研究对乐观偏差是二维两极的连续体提供了证据。目前, 关于乐观偏差的结构还没有形成明确一致的观点, 乐观偏差究竟是单维的相互对立两极中的一极, 还是一个二维两极的连续体仍没有形成定论。

(二) 乐观偏差的类型

有关乐观偏差的类型, 国外文献没有提出明确的分类。我国学者王炜等人 (2006) 在一项研究中对乐观偏差进行了分类 (具体分类见图 1)。他们根据以往的研究, 在理论上将乐观偏差分为两种分离但又相互关联的类型: 指向自我的 I 型乐观偏差 (即个体认为积极事件更可能发生在自己上) 和指向他人的 II 型乐观偏差 (即个体认为消极事件更可能发生在他人身上)。另外, 他们还提出与此相对应的两种悲观偏差, 即 I 型悲观偏差和 II 型悲观偏差, 但在其研究中只对两种乐观偏差进行了考察。本书认为, 王炜等人对乐观偏差的分类, 既基于温斯坦 (Weinstein, 1980, 1987) 对乐观偏差结构的分析, 也在一定程度上包含了其他学者的看法。因此, 本书采用王炜等人的观点, 将乐观偏差分为指向自我的 I 型乐观偏差和指向他人的 II 型乐观。

	积极事件	消极事件
指向自我	Ⅰ型 乐观偏差	Ⅰ型 悲观偏差
指向他人	Ⅱ型 悲观偏差	Ⅱ型 乐观偏差

图 1　乐观偏差的类型

资料来源：王炜、刘力、周佶、周宁：《大学生对艾滋病的乐观偏差》，《心理发展与教育》2006 年第 1 期，第 47~51 页。

二　乐观偏差的测量

对乐观偏差的测量通常是用量表的形式，让研究对象将自己与某个同辈参照者或同辈参照群体进行比较，判断自己经历某类事件的可能性，这个可能性判断结果可以表明研究对象是否表现出一定程度的乐观偏差。测量方法分为直接比较测量法和间接比较测量法两种。

1. 直接比较测量法

直接比较测量法是在研究中要求研究对象估计他们与其比较对象相比，经历某类事件的可能性。量表中问题的呈现通常如下："与你同年龄同性别的一般的抽烟者相比，你认为自己患肺癌的可能性是……"量表的计分方式有两种。一种是："1＝低于平均水平，2＝略低于平均水平，3＝平均水平，4＝略高于平均水平，5＝高于平均水平。"另一种是："-2＝低于平均水平，-1＝略低于平均水平，0＝等于平均水平，+1＝略高于平均水平，+2＝高于平均水平"。通常用奇数评分（如李克特 5 点或 7 点评分）来确保"平均水平"在量表的中点。如果被试评估的平均数高于或低于中点的平均水平，则表明存在乐观偏差。对消极事件的评估，低于中点则表明存在乐观偏差，即个体认为自己经历消极事件的可能性低于平均水平；对积极事件的评估，高于量表中点则表明存在乐观偏差，即个体认为自己经历积极事件的可能性高于平均水平。

直接比较测量方法的优点在于：第一，这种方法更容易为研究对象理解，并且仅需要较少的题目和反应时间即可完成；第二，直接比较测量是一种更加明确的比较方式；第三，如果研究者只想确定在某种具体情况下某类人对某些事件是否存在乐观偏差，直接比较测量方法是比较合理且经济的。然而，有研究者提出，直接比较测量会导致研究对象更多关注与自己有关的信息，而很少考虑甚至忽略比较对象的有关信息。此外，直接比较测量中，研究对象总是处于比较判断的焦点位置，而焦点位置对象往往会得到个体更多的关注。因此，由于自我中心主义和聚焦主义都可能起作用，研究对象在直接比较方法中可能产生更大程度的乐观偏差（Shepperd & Helweg-Larsen，2001）。

2. 间接比较测量法

间接比较测量法是让被试分别进行两次判断，即先通过一个问题评估自己经历某个事件的可能性（P_1），然后通过第二个问题评估同年龄同性别的一般人经历同样事件的可能性（P_2）。当评估消极事件时，乐观偏差的计算是从被试对一般人评估的可能性中减去被试对自己可能性的评估（P_2-P_1），乐观偏差在积极事件评估上的计算则相反（P_1-P_2），这样会得到一个差异分数。如果差异分数不是0，则说明存在乐观偏差，并且乐观偏差作为一个正的差异分数进行操作，差异分数越大，表明乐观偏差越显著。仍以上文中调查被试对患肺癌是否存在乐观偏差为例，先让被试评估"我患肺癌的可能性是……"，然后让被试评估"与我同年龄同性别的一般抽烟者患肺癌的可能性是……"。假如被试在第一个问题上的评估是3（P_1），在第二个问题上的评估是 5（P_2），这是一个对消极事件的评估，乐观偏差是 $P_2 - P_1 = 5 - 3 = 2 > 0$，则说明被试在这个问题上存在一定程度的乐观偏差。

　　与直接比较测量法相比，在间接比较测量法中，研究对象要将自己和比较对象经历事件的可能性分开进行判断。在分别判断时，自己与比较对象都处于焦点位置，此时研究对象的自我中心主义倾向可能没有在直接比较中那么强烈，因为聚焦主义的作用会部分减弱自我中心主义倾向，所以研究对象的乐观偏差程度相对直接比较测量要低。因此，有研究者提出，间接比较测量法是对乐观偏差更灵敏和稳定的一种测量方法（Moritz & Jelinek，2009；Hablemitoglu & Yildirim，2008；Weinstein，1982）。但是，也有研究者提出，当采用间接比较法测量乐观偏差时，会产生顺序效应，尤其是当他人判断在自己判断之前呈现要求被试进行判断时，可能会导致更大程度的乐观偏差（Sutton，2002）。尽管在直接比较测量中自我中心主义和聚焦主义都起作用，但它对行为和情感结果独特的预测能力，超过了间接比较测量。例如，罗斯等人（Rose et al.，2008）发现，在有关个体对风险判断的研究中，直接比较测量法比间接比较测量法对个体降低风险的行为意图有更好的预测作用。另外，还有研究者提出，直接比较测量法和间接比较测量法实际上是等价的（Price，Penlecost，& Volh，2002）。因此，直接比较测量法在乐观偏差研究中被更多采用。

　　另外，也有研究者采用百分数等级的形式让研究对象写出自己对事件发生可能性的判断。量表数从 0 到 100%，50% 表示可能性一般与他人相同。温斯坦 1980 年的研究中，在预调查中采用的是单极的 5 点计分形式，而在正式研究中采用的是百分数等级评定形式，结果发现两种计分形式的相关系数为 0.91。因此，温斯坦认为，量表的计分形式不同对研究对象的评定不会产生影响。以往乐观偏差的研究多数采用等级评分。

三 乐观偏差的研究范式

1. 社会比较范式

社会比较范式是乐观偏差研究中一种常用的方法，通常分为直接比较和间接比较。直接社会比较范式是让研究对象进行评估，判断某个（些）事件发生在自己身上的可能性是高于他人还是低于他人；间接社会比较范式是让研究对象分别判断某个（些）事件发生在自己身上和比较对象身上的可能性，然后对两个判断结果进行差值计算。温斯坦（Weinstein，1980）对乐观偏差的开创性研究中采用自陈量表，让大学生与同学校同性别的其他大学生进行比较，判断自己经历某些将来生活事件的可能性；结果发现，绝大多数大学生倾向于认为自己更可能经历积极的生活事件，更不可能经历消极的生活事件。后续对乐观偏差的研究多数也是采用自陈量表，让研究对象评估某个事件或某些事件，与比较对象相比，事件发生在自己身上或发生在比较对象身上的可能性。通常有直接比较测量和间接比较测量两种方法。这两种测量方法实质上是采用社会比较范式进行的，即让研究对象将自己与他人进行比较，判断事件发生在自己或他人身上的可能性，然后根据判断结果考察乐观偏差状况。

2. 过去未来想象范式

随着乐观偏差神经机制研究的开展，出现了新的研究范式来考察乐观偏差的神经机制。过去未来想象范式的基本思路是：通过让研究对象想象生活事件片段，诱发研究对象的乐观偏差，并对研究对象的心理愿望进行研究。在该范式中，研究者首先要选择不同性质（积极的、中性的、消极的）的生活事件；然后给研究对象呈现这些生活事件并让研究对象想象不同的事件片段，研究对象进入想象状态后需要按键表示已经开始想象，研究对象要尽可能详细地对事件进行想象，完成翔实的想象后再次按键表明想象结束；最后，研究对象还需要对想象事件的某些属性进行评定。例如，事件的效价（积极或消极），想象这些事件时个体回忆的生动程度、情绪体验的强度，事件发生的久远程度等。这种范式通过激发研究对象对过去事件的回忆或对未来事件的想象，对研究对象大脑活动的脑区进行扫描，从而探测乐观偏差涉及的脑区情况。

这种范式的特点是，通过研究对象对过去事件的回忆或未来事件的想象，可以考察乐观偏差的形成过程。然而，这种范式有一个缺点：乐观偏差的形成具有一定的主观依赖性，即依赖于研究对象是否对过去事件和未来事件真正进行了回忆或想象，因此研究者很难对乐观偏差的产生进行严格控制（Sharot et al.，2011）。

3. 信息转变范式

在考虑过去未来想象范式局限性的基础上，沙罗特（Sharot）等人又开发了另一种新的考察乐观偏差神经机制的研究范式——信息转变范式。在这种研究范式下，研究对象要对积极或消极事件发生的可能性进行两次评估，在两次评估中间，研究者会给研究对象提供一个体验的情境或者现实情境，让其评估事件发生在一般人身上的概率。研究对象两次评估的差异情况就体现了研究对象是否表现出了乐观偏差。例如，研究对象第一次对某事件发生可能性的评估记为 $P(A_1)$，第二次对该事件发生概率的评估记为 $P(A_2)$，给研究对象提供的该事件发生在一般他人身上的概率为 $P(B)$。据此可以计算出研究对象两次对事件发生可能性进行评估的乐观偏差，第一次的乐观偏差记为 OB (A_1)，第二次的乐观偏差记为 OB (A_2)。还可以计算出研究对象评估该事件发

生在一般他人身上的概率，并判断概率的变化程度，记为 Change（A）。则

$$OB(A_1) = P(A_1) - P(B)$$
$$OB(A_2) = P(A_2) - P(B)$$
$$Change(OB) = OB(A_1) - OB(A_2)$$

对于消极事件的判断，如果研究对象在看到事件发生在一般他人身上的现实概率之后，前后两次概率判断变化的差值 Change（OB）>0，则说明研究对象在该事件上产生了乐观偏差；对于积极事件，如果研究对象在看到事件发生在一般他人身上的现实概率之后，前后两次概率判断变化的差值 Change（OB）<0，则说明研究对象在该事件上产生了乐观偏差。信息转变范式流程具体案例见图 2。

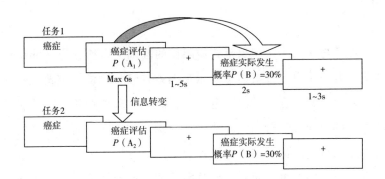

图 2　信息转变范式的流程

资料来源：滕召军等人：《乐观偏差的认知神经机制》，《心理科学进展》2013 年第 1 期，第 1~10 页。

总而言之，乐观偏差的社会比较范式更多应用于乐观判断的行为研究，而过去未来想象范式和信息转变范式则应用于乐观偏差判断的认知神经机制研究，并且社会比较范式是基于直接比较

测量法或间接比较测量法进行的。

第四节　乐观偏差产生的心理机制

研究发现，乐观偏差产生的心理机制可以分为动机和认知两个方面，其中动机机制主要是自我提升，而认知机制主要是自我中心主义和聚焦主义。有些研究者强调乐观偏差的动机机制，有些研究者侧重乐观偏差的认知机制，但更多的研究者认为，乐观偏差是动机机制和认知机制共同作用形成的。认知—生态取样（cognitine-ecological sampling）为乐观偏差产生的认知机制提供了一个新的解释角度，是对认知机制的有益补充。

一　乐观偏差的动机机制

詹姆斯（James）提出，自我提升的动机是指人们愿意被激励去体验积极情绪并避免体验消极情绪，因为人们都喜欢自我感觉良好，并希望最大限度地体会到自尊。奥尔波特（Allport）也提出，自我提升是个体的基本需要之一，人们具有努力追求自尊的倾向，并且自我提升是与人类的生存需要相联系的。一般认为，自我提升（self-enhancement）是个体肯定自我的内驱力，它是一种维持或提高自尊的途径和寻求自我评价的动机。研究者认为，这一术语既包括自我提高（self-promotion）的内涵（即追求积极的自我意象），同时还蕴藏着自我保护（self-protection）的内涵（即保持或维护已有的积极自我意象）。自我提高和自我保护可谓自我提升的"阴"与"阳"两个方面，而自我保护在这两者中的作用更加突出（Sedikides & Gregg，2006）。

人们在进行比较判断时，为什么会产生乐观偏差？根据自我提升动机的观点，产生乐观偏差的原因可能有两个方面：一方面，个体在面对消极事件时，倾向于降低消极事件不利后果对个体造成的焦虑，从而进行自我保护；另一方面，个体认为消极事件更可能发生在他人而非自己身上，这样就可以自我感觉良好，从而进行自我提高（Chambers & Windschitl；2004）。从动机的本质来看，人们得出不切实际的乐观结论源自人们愿意接受这样的结论，这会给人们带来安慰，让人觉得安心。如果个体承认自己比一般人更容易遭遇危险就会产生焦虑，为减少这种焦虑，人们就会采用诸如否认、不接受危险存在等自我防御的应对策略。因此，在面对消极事件时，由于不想面对消极事件可能造成的后果，人们就会有意回避消极事件发生的可能性。例如，否认消极事件发生在自己身上的可能性或者认为消极事件更可能发生在他人身上。另外，认为自己更可能经历积极事件会让个体持有更积极的信念，可以维护或者提高自尊。例如，克莱因和赫尔维格—拉森（Klein，Helweg-Larsen，2001）在研究中发现，当人们面对挑战时，会采取各种措施维护自尊，从而作出偏离真实的乐观主义判断，进而维护甚至提高自尊。

综上所述，自我提升的两个方面——自我提高和自我保护都会影响乐观偏差的产生。在消极事件上的乐观偏差，自我保护所起的作用可能更强；在积极事件上的乐观偏差，自我提高的作用可能更加突出。

二 乐观偏差的认知机制

众所周知，个体的注意力和信息搜索具有很强的选择性。一般而言，个体在所处的情境中，注意力会集中在情境中的某些方面，尤其是那些容易接触到或注意到的方面。因此，个体对信息选择的结果会导致聚焦情境中的某些信息，而另外一些信息则可能会部分甚至完全被忽视。乐观偏差的认知机制基于以下假设，即人们在进行比较判断时会犯系统的信息加工错误，而这些错误可能来自个体信息加工过程中的自我中心主义或聚焦主义。

1. 自我中心主义

将自己与他人进行比较时，人类有自我中心倾向。根据《心理学大辞典》，自我中心主义亦称自我中心，指个体在行为和观念上完全以自己为主，而不考虑他人的人格倾向。在乐观偏差研究中，自我中心主义是指，在进行比较判断时，人们更多地关注与自己有关的信息（如我活过80岁的可能性），而较少关注与他人有关的信息（如他人活过80岁的可能性）。

个体的自我中心主义倾向可以用可得性启发式或锚定和调整启发式来进行解释。可得性启发式（availability heuristic）是指，在判断过程中，人们往往根据特定心理内容到达头脑中的难易程度来评估其相对频率，容易被回想起来的事件相应地被认为更常发生或出现。当人们将自己与他人进行比较时，由于人们通常拥有更多的自我信息，对这些信息进行比较判断过程中就会更容易被个体自动、本能地回忆起来，并且人们对有关自我的信息更自信也更容易理解（Kruger, Windschitl, Burrus, Fessel, & Chambers, 2008）。因此，在进行比较判断时，人们会更容易想起自己经历积极事件或未经历消极事件有关的信息，而不容易想起他人的有关信息，从而导致了乐观偏差。锚定和调整启发式（anchoring and adjustment heuristic）是指，个体在判断时，以"锚"（即最初得到的信息）为依据，对事件的评估进行不充分调整。人们在比较判断时，由于某种习惯性的注意偏向，会一开始就锚定有关自己的信息进行自我判断，并且不会随意注意调节去注意有关他人的信息来对他人进行判断，此种判断就导致了乐观偏差（Windschitl, Rose, Stalkfleet, & Smith, 2008）。根据一般的统计原理，可靠测量的变量倾向于比不可靠测量的变量对结果变量有更好的预测作用。同样，人们会认为，在比较判断中对自己进行的估计判断比对他人进行的估计判断更可靠，并因此会认为对自己的估计判断给予更多的权重是合理的（Chambers & Kruger，2006）。例如，温斯坦在1982年的研究中就提出，个体的自我中心主义会影响个体对其经历某个事件可能性的评估。如果给研究对象提供他人的有关信息，让研究对象意识到他人和自己一样也会采取适当的措施，研究对象的乐观偏差程度会降低，但没有完全消失（Moore & Small，2007；Weinstein，1982）。

另外，有研究提出，自我中心主义在直接比较测量法中的作用更突出，会导致更大程度的乐观偏差，但在间接比较测量法中的作用就没有那么显著（Moritz & Jelinek，2009；Hablemitoglu & Yildirim，2008；Weinstein，1982）。因为间接比较测量法中，研究对象要进行两次判断，第一次是对自己经历某个事件的可能性进行判断，第二次是对比较对象经历该事件的可能性进行判断。在两次判断中，自己和比较对象都处于焦点位置，由于聚焦主义的作用会降低研究对象的自我中心倾向。

2. 聚焦主义

聚焦主义（focalism）是指个体全神贯注于一个特定的事件而很少关注其他可能同时发生的事件的倾向（Chambers & Suls，2007；Colly & Bazerman，2007；Wilson，Wheatley，Meyers，Gilbert，& Axsom，2000）。广义上讲，聚焦主义指人们全神贯注于和某个结果（焦点位置者）有关的信息而不充分考虑与其他可能结果（非焦点位置者）有关信息的倾向（Windschitl，Conybeare，& Krizan，2008；Buehler，McFarland，& Cheung，2005；Windschitl，Kruger，& Simms，2003）。例如，如果让个体把X发生的可能性与Y发生的可能性进行比较，那么处于焦点位置的X，将比处于非焦点位置的Y得到更多的关注。在多数乐观偏差研究中，量表中问题的表述通常是把"自己"设定在焦点位置上，"一般人"（比较对象）设定在非焦点位置上。例如，量表中的问题通常这样呈现："和一般大学生相比，你认为自己……"。由于"自己"处于焦点位置就会得到更多关注，从而导致了乐观偏差。与自我中心主义机制不同，聚焦主义认为当个体将自己与他人进行比较时，对自我有更多的关注不是因为有关自己的信息更容易获得，而是因为自我处于比较中的焦点位置，得到了个体更多的关注；如果他人处于比较中的焦点位置，个体自我中心的倾向会部分降低（Kruger & Burrus，2004），而对他人的关注会增加。因此，聚焦主义会通过部分减弱自我中心主义使个体的乐观偏差程度降低。

另外，聚焦主义还认为，问题"A与B相比谁高"和问题"B与A相比谁高"对个体而言，在心理上是不等价的。在前一个问题中，A处于焦点位置，会引起个体更多的注意并得到更多关注；而在后一个问题中，B处于焦点位置，会得到更多关注。聚焦主义也可以用锚定和调整启发式进行解释。聚焦主义的基本观点是，人们给予焦点位置者更多的权重是因为注意力首先被焦点位置者所吸引，处于焦点位置者的信息就被当成了"锚"。尽管人们也会考虑非焦点位置者而对信息加工过程进行一些调整，但这种调整是不充分的（Chambers & Windschitl，2004）。所以，在比较判断中，处于焦点位置的目标（无论是"自己"还是"他人"）首先被锚定并得到更多的关注。另外，人们在进行比较判断时，会认为与目标（即处于焦点位置者）有关的信息与判断是直接相关的，而与比较对象（处于非焦点位置者）有关的信息则与判断相关程度较低。因此，人们会给予与判断直接相关的目标更多关注，并提取相应的信息。综上所述，在直接比较测量中，有关自己的判断既会受到自我中心主义的影响，也可能受到聚焦主义的影响，因此会导致更大程度的乐观偏差；而在间接比较测量中，聚焦主义的作用会降低人们的自我中心主义倾向。也就是说，在间接比较测量中，自我中心主义和聚焦主义二者的作用可能是相反的，因此会降低研究对象的乐观偏差程度，但不会完全消除其乐观偏差。

自我中心主义和聚焦主义的区别在于，二者在不同的比较情境中有不同的效应（Krizan & Suls，2008）。在比较判断中，如果比较目标是指向自己的（即自我目标），则自我中心主义和聚焦主义都会对自我判断产生影响，因为这种情况下自己始终处于比较的焦点位置。但是，如果比较目标是指向他人的（即他人目标），二者就会产生相反的作用，但相对而言，自我中心主义会比聚焦主义对乐观偏差的影响更大。换言之，聚焦主义和自我中心主义会共同对自我目标的比较判断产生影响，从而导致更大程度的乐观偏差，而聚焦主义将部分减小自我中心主义在他人目标比较判断中的作用，可能会降低研究对象的乐观偏差程度。

对于产生乐观偏差的心理机制，有的研究者强调产生乐观偏差的动机机制，有的研究者则偏重乐观偏差背后的认知机制，但更多的研究者认为，动机和认知两方面的机制共同导致了乐观偏差的产生。他们认为，乐观偏差的动机机制解释了乐观偏差产生的原因（why），而认知机制则说明了乐观偏差出现的方式（how）（Hoorens & Buunk，1993；Weinstein，1989）。的确，仅有动机机制不能完全解释乐观偏差。如果仅有动机机制，人们所处的世界将是一个愚蠢的世界。因为人们一方面认识到自己在判断时犯了错误，另一方面出于某种动机仍会继续去犯错误，但认知机制不能单独对乐观偏差的产生进行充分解释。因为，如果乐观偏差仅仅是由于人们的认知错误，那么出现自我反对方向上的乐观偏差与自我提高方向上的乐观偏差的数值应该大体相同。但实际上，绝大多数乐观偏差出现在自我提高方向上。因此，动机机制与认知机制共同导致了乐观偏差的产生。

三　认知—生态取样的解释——对认知机制的有益补充

以往关于产生乐观偏差的认知机制提及的都是自我中心主义和聚焦主义。心理学研究表明，人们经常根据自己的知识和经验对事件进行判断，这会导致判断中出现各种偏差，乐观偏差就是其中一种表现形式。大量有关研究考察了偏差产生的动机机制和认知机制，力图揭示偏差产生的真正原因，但一直未能达成共识，有的研究者强调偏差产生的动机机制，有的研究者关注偏差背后的认知机制。而认知—生态取样从另一个角度提供了判断偏差产生原因的一种全新解释。在日常生活中，人们多数情况下是根据认知和环境间起连接作用的样本作出判断的。很明显，以样本为基础的判断几乎不可能基于总体，而只能基于从总体中选取的样本。而被选出的样本既可能来自外部世界，也可能来自人们的内隐记忆，因此会存在取样偏差，这种取样偏差正是导致人们判断偏差的原因所在。

认知—生态取样主要从以下四个方面对人们的判断偏差进行探讨：一是基于样本判断涉及的多个变量，二是现实环境中的刺激分布，三是取样过程及其结果，四是取样过程中的心理预设与限制（Klaus，2000）。

第一，从样本判断涉及的多个变量来看，一般基本的判断任务包括判断对象、判断对象相关信息的自然积累及信息向某些具体形式的转换三个部分。例如，在乐观偏差研究中，研究对象要判断，与他人相比，某一（些）事件发生在自己身上的可能性。这个判断任务包括判断对象（自己）；与自己有关的信息（事件发生在自己身上的可能性、不发生在自己身上的可能性）积累；将得到的信息转换为特定的形式，如事件发生在自己身上的可能性。在这三个部分中，与自己有关信息的积累最可能导致乐观偏差产生。因为尽管个体能够很好地记忆与自我有关的材料，但这些并非总是事实。有研究提出，我们对一个事件的记忆不仅仅取决于体验本身，还取决于回忆时占优势的条件。内隐记忆或人们搜索记忆时所产生的微妙偏差都能改变个体的记忆。所以个体在作比较判断时，既可能因为对与自己有关信息的记忆不准确导致不切实际的乐观偏差，也可能因为受到判断情境的影响，导致个体片面提取与自己有关的信息，从而产生乐观偏差。

第二，从现实环境中的刺激分布来看，环境中信息的分布是不同的，并且环境中信息的可用性也不同。例如，个体对自我的信息知道更多，也更自信，对自己更了解。众所周知，人们的信息提取有很强的选择性，往往把注意力放在那些容易接触的方面。这种选择的结果会导致某些信息被忽视，这与可得性启发式的观点有相似之处。可得性启发式认为，在判断的过程中，人们往往根据特定心理内容到达头脑中的容易程度来评估其相对频率，容易被回想起来的事件相应被认为更常发生或出现。当人们将自己与他人进行比较时，人们通常拥有更多关于自己的信息，并且这些信息更可能在进行比较判断时被自动、本能地回忆起来。因此，在进行比较时，人们会更多想起自己可能经历积极事件或不可能经历消极事件有关的信息，而不会注意并提取他人的有关信息，结果导致了乐观偏差。

第三，从取样过程及其结果来看，判断偏差是人们对所选择的样本的某个方面进行判断的结果。例如，与他人相比，对心脏病发生在自己身上的可能性进行比较判断，人们会选择自己不易患病的信息，而忽略自己可能患病的信息。换言之，人们更容易将对自己有利的信息选为样本，因此认为心脏病更不可能发生在自己身上，从而表现出了乐观偏差。

第四，从取样过程中的心理预设与限制来看，人们对取样过程中的某些信息十分敏感。一般而言，人们对自我信息是十分敏感的，在判断过程中会倾向于更多提取自我信息，进行归纳总结并应用于判断。另外，由于人们的元认知监控能力发展不完全，也就是说人们纠正潜在认知偏差的能力不足，意识不到自己的这种取样是有偏差的、不充分的，从而导致了判断结果的乐观偏差。

综上，认知—生态取样的解释，有些观点与产生乐观偏差的自我中心主义观点有相同之处。例如，二者都认为个体对自我信息更加敏感，个体更容易提取自我相关信息，等等。当然，认知—生态取样除了与自我中心主义有相同的看法之外，对偏差的产生还有其他不同观点。例如，从人与环境交互作用的角度来解释偏差的产生，并把元认知监控也纳入进来。因此，认知—生态取样对产生乐观偏差的认知机制是一个有益补充，它有助于研究者更全面地从认知机制角度了解乐观偏差产生的原因。

第五节　乐观偏差的影响因素

乐观偏差研究通常是让研究对象对事件发生在自己或比较对象身上的可能性进行估计判断。因此，事件特征和个体因素是影响乐观偏差的主要因素。影响乐观偏差的事件特征主要包括事件发生的频率、事件的效价、事件的严重性、事件的可控性、事件原型的显著性以及事件发生的可能时限等，个体因素主要有个体的过去经历、个体的情绪状态及个体的人格特质等。另外，比较对象的类型，如比较对象的具体性/模糊性，比较对象与个体的相似性、熟悉度等也会影响乐观偏差。文化心理学认为,文化会对人们的思考、知觉和看待自己的方式产生重要影响,乐观偏差的跨文化研究表明,研究对象的文化背景对其乐观偏差有一定影响。因此,文化因素也是不可忽视的乐观偏差影响因素。综上,影响乐观偏差的因素除了事件特征、个体因素这两个主要因素外,比较对象的类型及文化因素等也会影响个体的乐观偏差。

一 事件特征对乐观偏差的影响

从事件特征看,事件发生的频率(普遍/特有)、事件的效价(积极/消极)、事件的严重性(严重/不严重)、事件的可控性(可控/不可控)、事件的合意性(合意/不合意)、事件原型的显著性以及事件可能发生的时限(短期/长期)等都会影响个体的乐观偏差。

1. 事件发生的频率

具体而言,从事件发生的频率看,根据自我中心主义的观点,在个体进行比较判断时,对自我的判断比对他人的判断会更多受到事件频率的影响,从而导致更高程度的乐观偏差。然而,采用间接比较测量法的研究得出了两种不同的结论。一些研究发现,事件发生频率对自我风险评估比他人风险评估有更大的影响(Price et al., 2002),但另外的研究发现,事件发生频率对自我风险评估与他人风险评估的影响是同等的 (Chambers et al., 2003)。用直接比较测量法研究有关事件发生频率对乐观偏差的影响所得出的结论是比较一致的。研究表明,人们倾向于认为自己尤其不可能经历那些不经常发生的消极事件,而更可能经历普遍的积极事件。然而,人们并不认为其他人也是如此。因此,人们对积极的普遍事件有更大的乐观偏差,而对消极的特殊事件存在更大的乐观偏差。例如,人们估计一个积极的普通事件(如拥有自己的房子）发生在自己身上的可能性要高于对某个积极的特殊事件（如拥有一座岛屿）发生的可能性。而人们对消极的普遍事件（如冬天得流感）的乐观偏差要小于消极的特殊事件（如癌症）（Harris，Griffin，& Murray，2008；Price，Pentecost，& Voth，2002）。

2. 事件的严重性

从事件严重性对乐观偏差的影响看，研究结论也不尽一致。第一种结论认为，严重事件或有严重后果的事件会引发更大程度的乐观偏差。原因可能在于，严重事件让人们感觉到更大的威胁，给人们造成更大的精神压力，导致强烈的防御性否认，即人们更倾向于认为自己不会遭遇此类事件，以获得心理上的安慰从而缓解或消除焦虑（Weinstein，1980；Gold，2008）。第二种结论提出，当事件很严重或有极严重后果时，人们会变得更加警觉，其注意力会分配到事件的各种信息上，人们会变得比较敏感并相对更加现实，因此会减弱否认等防御机制的作用，导致人们的乐观偏差程度降低（Harris，Griffin，& Murray，2008）。另外，严重事件会使人们认为自己没有能力更好地加以应对，因此人们在对严重事件进行判断时乐观偏差程度会降低。尤其是间接比较测量研究表明，人们对严重事件的判断表现出较低程度的乐观偏差（Shepperd & Helweg-Larsen，2001）。

3. 事件的可控性

事件可控与否也会影响个体的乐观偏差程度。这方面的研究结论基本上是一致的，即人们觉得事件的可控程度越高，产生的乐观偏差程度越大（Harris，Griffin，& Murray，2008）。因为在对可控事件进行比较判断时，无论是积极事件还是消极事件，由于自我中心主义倾向，人们更可能想到自己可以对事件结果采取行动，以使事件朝自己期望的方向发展，并且相信自己能够比其他人更好地对事件采取有效行动。因此人们会认为积极事件更可能发生在自己身上，而消极事件更不可能发生在自己身上，所以高可控事件比低可控事件会引发人们更高程度的乐观偏差。

4. 事件原型的显著性

事件原型的显著性也是影响乐观偏差的一个因素。众所周知，人们在面对消极事件时，头脑中容易产生一个易感性原型。例如，在面对患肺癌的可能性判断时，人们往往在头脑中会浮现吸烟者的形象，从而认为抽烟的人更容易患肺癌；人们在面对患心脑血管疾病的可能性判断时，头脑中会先入为主地认为肥胖的人更容易患心脑血管疾病；等等。因此，当某个消极事件有很显著的易感性原型时，由于自我中心主义的影响，人们会看到自己与事件原型之间的特征差异，但人们不会同时想到比较对象也可能不具备这些易感性原型的特征。这就导致人们会认为此事件更不可能发生在自己身上，但不一定会同时想到此事也不可能发生在比较对象身上（Hablemitoglu & Yildirim, 2008; Weinstein, 1982）。例如，如果某人的体重保持在正常范围内不属于肥胖，就会认为自己不会患心脑血管疾病。因此，事件的原型越显著，个体的乐观偏差程度可能越高。

事件原型的显著性对乐观偏差的影响也可以用代表性启发式的观点加以解释。代表性启发式（representativeness heuristic）是指，人们基于一个事物或事件与某个种类成员的相似性来评估该事物或事件属于这个特定种类的可能性。如果某个事件具有显著的易感性原型，个体对这个事件发生在自己身上的可能性进行判断时，这个原型就很容易被人们从记忆中提取出来作为参照对象进行比较；人们会根据自己与这个事件易感性原型的相似性大小来进行判断，当人们觉得自己与原型差别很大时，就会作出自己更不可能经历此类消极事件的判断，从而表现出了某种程度的乐观偏差。

5. 事件可能发生的时限

事件可能发生的时间期限长短也会影响乐观偏差。钱伯斯（Chambers，2003）等人的研究表明，个体对较长时间期限内事件（例如，"与你所在学校的其他学生相比，你在 32 年内购买自己梦想房子的可能性"）发生的可能性估计，要高于较短时间期限内事件（例如，"与你所在学校的其他学生相比，你在 6 年内购买自己梦想房子的可能性"）发生的可能性估计，表现出更大程度的乐观偏差。还有其他研究者的研究也表明，当事件变得越来越具体和临近时，这种乐观偏差就会减少甚至消失。可能是因为当时间越来越临近时，人们会想到与事件结果有关的更具体和更关键的因素，人们的预测会更基于客观现实，因此作出的判断也更加客观，从而降低了乐观偏差程度（Krizan & Windschitl，2009）。

二　个体因素对乐观偏差的影响

个体作为判断的主体，个人因素如个体相关事件的过去经历、个体的情绪状态、个体的某些人格特质等也会影响乐观偏差。

1. 个体的过去经历

有研究表明，个体相关事件的过去经历，尤其是消极事件的过去经历会降低乐观偏差程度（Chambers et al.，2003）。原因可能在于：第一，消极事件的过去经历会降低人们"这样的事件不可能发生在自己身上"的预期，或者由于过去的经历降低了人们对事件的控制感；第二，消极事件的过去经历容易让人们产生消极回忆，从而把自己想象成受害者的角色；第三，消极事件的过去经历会削弱人们对将来的积极信念，导致人们产生"如果消极事件过去曾经发生过，它会再次发生"的想法。与此相反，从未经历过消极事件会促使人们产生更高程度的乐观偏差。可能的原因是，人们认为依据过去的经历可以对自己的未来进行预测。如果个体从未经历过某个事件，就会认为此类事件将不可能发生在自己身上。但也有研究认为，过去的某个事件经历不一定会降低乐观偏差，反而会提升乐观偏差，因为人们通常认为自己"不会被闪电击中两次"，或者认为自己"不会再次犯同样的错误"（Shepperd & Helweg-Larsen，2001）。此外，个体经历过某个消极事件后，会认为自己对此类事件比别人有更多的认识和了解，可以采取适当预防措施避免此类事件发生，从而觉得此类事件更不可能在自己身上再次发生。例如，过去遭遇过交通事故的个体认为，自己在出行过程中会更加注意交通安全、遵守交通规则，因此再次遭遇交通事故的可能性会降低。总之，有关个体消极事件的过去经历对乐观偏差的影响更大还是更小，目前有两种不同的结论。

2. 个体的情绪状态

还有研究考察了个体的情绪状态对乐观偏差的影响，结果表明，当个体被启动去体验消极情绪时，要比被启动体验积极情绪的个体表现出较低程度的乐观偏差（Lench & Ditto，2008）。因为消极情绪（如悲伤）加强了与情绪感受一致的信息的可获得性，处于悲伤情绪中的人会更容易回忆起相关的消极记忆，而这些消极记忆又会反过来影响接下来的判断，所以处于悲伤情绪中的个体比处于中性情绪中的个体认为自己更可能经历消极事件。相反，处于积极情绪中的个体在判断消极事件时，更少提取消极记忆，因此会认为消极事件更不可能发生在自己身上，从而表现出了较大程度的乐观偏差。还有研究表明，焦虑会抑制研究对象的乐观偏差，尤其会对可控事件和有严重后果的事件的乐观偏差产生抑制（Shepperd & Helweg-Larsen，2001），因此焦虑会导致较低程度的乐观偏差。情绪对乐观偏差的影响有生理学依据。在德雷克（Drake）的一系列研究中，激活研究对象大脑左右半球会产生不同程度的乐观偏差，激活大脑左半球会导致更大程度的乐观偏差（Drake，1984，1987；Drake & Ulrich，1992）。德雷克提出，激活大脑左半球与积极情绪有关，而激活大脑右半球与消极情绪有关，因此，研究对象受情绪的影响会产生不同程度的乐观偏差。

3. 个体的人格特质

个体的某些人格因素（如自我效能、自信、气质性乐观等）也会对乐观偏差有所影响。达维尔和约翰逊（Darvill & Johnson，1991）的一项研究探讨了乐观偏差和人格的交互作用，结果发现乐观偏差与艾森克人格问卷中的外倾性和神经质有关。还有研究表明，自我效能和自信也会影响个体的乐观偏差。自我效能（self-efficacy）指的是个体对自己在某个特定情境中，是否有能力完成某一行为的期望。通常，高自我效能感的个体在面对不确定情境时会认为自己有较高的控制能力，表现出较高的效能预期，从而会产生更大程度的乐观偏差（Klein，2010）。自信（confidence）即个体对自己的评价，表明个体在何种程度上认为自己有能力、重要和有价值，是一种个体对自己赞许或不赞许的态度体现。但人们的自信常常是不准确的，或者说人们经常是过度自信的（Blanton，Pelham，De Hart，& Carvallo，2001），并且过度自信的个体在进行风险判断时更容易产生乐观偏差。例如，对创业投资（Coelho，2009）和经济风险决策（Camerer & Lovallo，1999）的研究表明，过度自信的个体不能客观认识风险的存在，在判断决策时就会产生较大程度的乐观偏差。另外一个影响乐观偏差的个体因素是气质性乐观（dispositional optimism）。有学者对气质性乐观和乐观偏差的关系进行了探讨，发现二者之间存在一定程度的相关性（Radcliffe & Klein，2002；Davidson & Prkachin，1997）。还有研究结果表明，气质性乐观与自我风险评估的乐观偏差呈负相关，而与他人风险评估的乐观偏差呈中等程度的显著正相关（Harris，Griffin，& Murray，2008）。

三　比较对象的类型对乐观偏差的影响

比较对象的类型对乐观偏差有很大的影响。研究者通过操纵研究对象与比较对象的亲密性、相似性及比较对象的具体性来考察研究对象的乐观偏差。结果发现，当人们将自己与不亲密、不相似和模糊的对象进行比较判断时，表现出更大程度的乐观偏差，而当人们与那些亲近的、相似的和具体的比较对象（如好朋友、家人）进行比较时，乐观偏差的程度较小（Shepperd，Carroll，Grace，& Terry，2002）。研究者提出，这是因为当人们将自己与不同类型的比较对象相比时，会采用不同的比较机制，因此会有不同程度的乐观偏差（Harris & Hahn，2011）。具体而言，与一个模糊的对象（如一般他人）进行比较时，选择比较对象就有很大余地，人们通常会选择那些特别容易遭遇不幸的对象进行比较，因此会认为消极事件更可能发生在他人身上。当把比较对象限定为具体他人，如好朋友或某个家庭成员时，个体就无法自由选择危险高易感性的对象进行比较，因此研究对象对自己与对比较对象评估的差异相应减小，乐观偏差程度就会降低。另外一种解释认为，与模糊他人相比，研究对象对好朋友或家人等具体他人有更多的了解，因此拥有更多好朋友或家人的有关信息，而对模糊的概括化他人则没有太多信息。所以在比较判断时，对好朋友或家人的信息会更快被提取，并且只需较少的努力，因此会降低研究对象的乐观偏差。这些解释得到了研究的支持。例如，阿利克（Alicke）等人的一系列研究结果表明，当比较对象是具体他人或当研究对象与比较对象有一定程度的接触并建立联系后，乐观偏差程度会降低。

比较对象的类型对乐观偏差的影响还可以用解释水平理论（Construal Level Theory，CLT）来验证。解释水平理论认为，人们对他人的认知方式会受到社会距离的影响。对那些人际距离较远的对象，人们倾向于关注其整体特征，使用高水平解释，对其进行抽象化的概括；而对那些人际距离比较近的对象，人们倾向于关注其细节信息，采用低水平解释。通常人与人之间的相似性会对人际距离产生重要影响。有研究证明，人际相似性可以拉近人与人的心理距离（Libiatan，Trope，& Liberman，2008）。在进行比较判断时，感知到的人际距离（即心理上的亲密/接近性或与比较对象共有的特征）越近，在比较中感知到的差异越小，越容易对比较对象提取与自己类似的信息，因此在作判断时会产生较小程度的乐观偏差。

四 文化因素对乐观偏差的影响

根据文化心理学的观点，人们思考、感知和自我认识的方式会受到文化的影响。因此，处于不同文化背景中的个体，在心理和行为等方面会有差异。那么，乐观偏差是否存在文化上的差异？有研究表明，某些形式的乐观偏差在集体主义文化中可能没有那么突出。例如，常（Chang，2003）等人的跨文化研究发现，美国人对积极或消极的典型和非典型生活事件都持有乐观的倾向，日本人对消极的典型和非典型生活事件都持有悲观的倾向。赫尔维格-拉森（Helweg-Larsen，1994）的一项跨文化研究也表明，在对三个危险事件（意外怀孕、STDs 和 HIV）的比较判断上，美国大学生比丹麦大学生表现出了更大程度的乐观偏差。进一步分析发现，文化对美国和丹麦大学生在指向自我的判断中没有显著影响，即美国大学生和丹麦大学生对自己经历危险的可能性判断是差不多的，但在对指向他人的判断，即判断他人（一般大学生）发生危险事件的可能性时，文化影响显示了显著效应。这项研究认为，由于所处的文化环境不同，在比较危险事件时，美国大学生更容易选择一个高危的比较对象，因此在比较判断时会认为自己与比较对象相比，遭遇危险的可能性更低，从而表现出更大程度的乐观偏差；而丹麦大学生则没有表现出这种倾向。海茵和莱曼（Heine & Lehman, 1995）的研究也表明，加拿大研究对象比日本研究对象表现出更明显的乐观偏差。他们认为，日本研究对象受到集体主义文化的影响，会倾向于采用"相依我"的自我建构，他们把自己视为一个更大群体中的一员，而不是一个独立的个体。这种集体主义的自我建构降低了日本研究对象关注个人成就或优于他人的动机，而这种自我提升的动机是导致乐观偏差的原因之一。因此，与加拿大研究对象相比，日本研究对象会有较低程度的乐观偏差。罗斯等人（Rose et al., 2008）的研究也证实，文化差异的确会对乐观偏差产生影响。

乐观偏差的文化差异，可以用自我提升动机的跨文化研究结论进行解释。有关自我提升的跨文化研究有两种观点。一种观点认为，自我提升是有文化差异的，并且自我提升的文化差异是个人主义和集体主义文化中自我系统差异的表现。在个人主义文化下，自我系统表现为"独立我"（independent self），个体注重自己的独特性，愿意表现出与他人的不同，所以表现为比较强烈的自我提升动机，就会导致更高程度的乐观偏差；而在集体主义文化下，自我系统表现为"相依我"（interdependent self），个体更看重整体和谐，愿意与他人保持一致，不愿意表现出与他人的不同。因此，集体主义文化下的个体在与他人比较判断时，自我提升动机表现不强烈，导致乐观偏差的程度较低。另一种观点认为，自我提升动机具有跨文化的普适性，世界上所有文化中的人都有积极肯定自我的需要，只不过集体主义文化中的个体可能采取更加内隐或者符合社会文化规范的方式来自我提升。近期的内隐社会认知研究支持了自我提升跨文化普适性的观点。例如，海茵和滨村（Heine & Hamamura，2007）提出，在所有文化中都有成为好人的基本动机，只不过不同文化表现形式不一样。在东方文化中，成为一个好人意味着尽可能与他人保持一致，减少与别人的差异，或者努力进行自我完善以及维护形式上的社会和谐。而在西方文化中，成为一个好人可能指通过竞争的方式来表现自己优于他人、与众不同。因此，自我提升动机的差异只是不同文化中个体表现形式的差异导致的。

对乐观偏差的跨文化研究表明，在集体主义文化研究中采用间接比较测量法才会表现出文化对乐观偏差的影响（Rose，Windschitl & Suls，2008）。这可能是因为认知机制对直接比较测量中的乐观偏差有较大影响，而动机机制在间接比较测量中对乐观偏差有更大的作用（Chambers & Windschitl，2004）。东方人一般强调全面、辩证看待问题，而西方人偏好分析、线性的思考方式。在信息加工时，东方人倾向于更多关注上下文和背景信息，而西方人倾向于把客体作为独特的实体从其背景中分开。换言之，东方人关注整体而西方人关注部分。因此，东方人比西方人更有聚焦主义倾向。另外，在间接比较测量中，自我中心主义的效应也会被减弱，所以认知机制中的聚焦主义和自我中心主义对东方研究对象的影响都要小于西方研究对象。另外，由于东西方具有不同的自我提升动机表现形式，在外显的测量中，东方集体主义文化下的研究对象可能会比西方个体主义文化下的研究对象表现出较小程度的乐观偏差。

因此，对乐观偏差跨文化研究结果进行解释时要注意，这种差异到底是由不同文化中研究对象的心理加工不同造成的，还是源自心理学研究范式的局限，即某些心理学研究内容或实验材料可能对某种文化背景的研究对象更适用或更有意义。这也是目前文化心理学界对跨文化比较研究的两种不同观点——"内容差异观"和"过程差异观"。根据"内容差异观"，文化差异是由不同文化成员的心理加工不同导致的，心理现象在不同文化中的确存在差异；而"过程差异观"则认为，文化差异源自心理学研究范式局限，文化差异是由心理学研究方法和工具等局限性导致的，如果采用适当的研究方法和工具，某些心理现象是具有文化普适性的。双方的观点均分别得到了实证研究的支持（Gaertner, Sedikides, & Chang, 2008; Heine & Buchtel, 2009; Heine, Kitayama, & Hamamura, 2007）。因此，虽然在外显层面东西方文化中的个体乐观偏差表现出一定程度的差异，但在内隐层面上，这种差异可能并不显著。

第六节　乐观偏差的神经机制

近二三十年来，认知神经科学的方法与技术在心理学研究各具体领域得到了越来越广泛的应用。众所周知，科学的不断进步和重大突破与科学研究方法和技术革命是分不开的。例如，显微镜的出现使得生物学家可以研究微小细胞的结构，促使生命科学走向了微观生命世界研究。同样，心理学研究要取得突破性进展，也需要更加先进的方法和技术。20 世纪中叶认知神经心理学的兴起，为心理学在信息加工的理论框架下探讨个体认知过程与大脑神经系统的关系起到了积极的促进作用。20 世纪 80 年代以后，事件相关电位（ERP）、正电子层析扫描（PET）和功能性磁共振成像（fMRI）等技术在心理学领域的应用，为心理学研究打开了一扇新的大门。此后，心理学各具体研究领域开始越来越广泛地采用这些新的方法和技术并取得了相当丰富的成果。

有关乐观偏差的认知神经机制研究，多采用功能性磁共振成像技术。研究结果表明，人的大脑中的确存在对未来持有"不切实际乐观"的专门区域。第一篇对乐观偏差的认知神经机制进行研究的论文是 2007 年 11 月美国认知神经学家沙罗特（Sharot）和她的团队在《自然》杂志上发表的。研究者们让研究对象分别想象不同的积极或消极的生活情境，并采用功能性磁共振成像技术对研究对象的大脑活动区域进行了扫描，结果发现杏仁核（amygadala）和前喙扣带皮质（rACC）在研究对象想象未来积极事件比想象未来消极事件的活动更加强烈。据此他们提出，杏仁核和前喙扣带皮质是乐观偏差的两个神经机制。后来沙罗特等人又进行了一系列研究，发现人们对将来事件的判断上存在积极偏好，即个体对积极事件存在较好的认知加工，而对消极事件的加工较差。另外，除了杏仁核和前喙扣带皮质外，多巴胺还对乐观偏差起到调节作用（Sharot，Riccardi，Raio，& Phelps，2007；Sharot et al.，2011；Sharot，Guitart-Masip，Korn，Chowdhury，& Dolan，2012）。采用社会比较范式测量乐观偏差的研究发现，前额叶脑区对乐观偏差的产生和维持也具有重要作用（Sharot，De Martino，& Dolan，2009；Sharot et al.，2011；Sharot，Kanai，et al.，2012）。后来的研究者对沙罗特等人的研究给予高度评价，认为他们的研究为乐观偏差的神经机制提供了强有力的证据，并且揭示了乐观偏差产生和保持的神经机制。此外，乐观偏差受多巴胺功能调整的研究结论也获得了临床研究的支持。对帕金森病人的临床研究结果发现，通过提高帕金森病人的多巴胺水平，他们会更容易表现出乐观偏差（Frank，Seeberger，& O'Reilly，2004）。通常认为，抑郁症患者体内的多巴胺水平低于常人，从而导致他们容易以消极的态度看待事物。那么，多巴胺功能对乐观偏差有调节作用这一发现，是否可以应用于临床，通过药物提升抑郁者的多巴胺水平，提高他们的乐观偏差从而对抑郁症起到一定的治疗效果，这是乐观偏差的神经机制为临床病理学提供的一个研究方向。

总而言之，认知神经科学家们通过功能性磁共振成像应用与乐观偏差神经机制研究得出了较为一致的结论，即乐观偏差的产生与杏仁核、前喙扣带皮质、前额叶皮层以及多巴胺神经系统有着密切的关系。然而，有关乐观偏差神经机制的研究尚处于初始阶段，存在不完善之处，未来需要采用多种研究范式相结合的方法，运用其他技术进一步加强对乐观偏差神经机制的研究。

第七节　乐观偏差的功能

根据辩证唯物主义的观点，世界上任何事物都有正反两个方面。乐观偏差的功能亦是如此，即乐观偏差对个体既有积极作用也有消极影响。一方面，乐观偏差有助于个体保持相对高水平的自尊，减少焦虑；它还可能激发个体更强的成就动机和韧性去获得成功，因此对个体保持较高的幸福感和身体健康是有益的。另一方面，当人们认为自己比其他人更不可能经历某些消极事件时，会阻碍人们采取有效预防措施以降低遭遇危险的可能性，甚至导致人们做出更多增加危险的行为。在经济领域，不切实际的乐观会导致创业投资的资金浪费，或者导致人们无理性的消费和过度借贷，等等。

一 乐观预期的魔力——乐观偏差的积极作用

在某种程度上，乐观偏差有助于个人对自己持有更加积极的信念。尽管在概率上个体经历积极事件或遭遇消极事件的可能性与他人是一样的，但乐观偏差会让人透过"玫瑰色眼镜"看待自己的将来和周围的世界，认为积极事件更垂青自己而消极事件会光顾他人。在面对消极事件时，人们会错误地假定即使这些消极事件具有普遍性，但仍然相信，与他人相比自己更不容易遭遇消极事件；相反，在面对积极事件时，人们会假定积极事件对自己具有独特性，即更可能发生在自己身上。这种有偏差的乐观预期会降低个体面对消极事件产生的焦虑，或者拥有积极的信念，有助于个体保持较高水平的自尊（Klein & Helweg-Larsen，2002）。因此，乐观偏差对维护个体的心理健康是有益的。此外，尽管存在争议，仍有大量证据表明，乐观偏差可以预测人们总体的健康状况。例如，有研究表明，乐观偏差与更低的癌症患病率呈正相关，与艾滋病男性和孕期女性的健康行为呈正相关，即有更高程度乐观偏差的个体会采取更多有利于健康的行为，有助于身心健康。长期以来，多数心理学家认为，个体获得成功和幸福的前提是个体对自己有一个准确、真实的自我认知，这也是个体适应良好的表现。相反，那些头脑中存在错觉、对自己认识不清的个体容易受到心理疾病的困扰。但是，泰勒和布朗（Taylor & Brown，1988）对这种看法提出了不同的意见，他们认为，人们常常会对自己有过于积极的评价，并且对未来事件抱有不切实际的乐观倾向，而这些过于积极的评价和不切实际的乐观，有助于人们的心理健康，这个观点也得到了许多研究的支持。乐观偏差不仅对维护个体的身心健康是有益的，它还与个体更高的成就动机、更强的任务持续性、更高的绩效呈正相关，并最终有助于个体取得更大的成功（Coelho，2009）。总之，乐观偏差有助于维护个体的身心健康，并拥有更多的幸福感。

二 乐观预期的黑暗面——乐观偏差的消极影响

乐观偏差就像一把双刃剑，对个体虽有积极作用，但也不能忽视乐观偏差对个体的消极影响。虽然人们经常被告诫要保护自己远离疾病、事故、犯罪和环境的伤害，但人们有时候并不会积极采取预防措施让自己免受伤害。乐观偏差使人们倾向于认为自己"刀枪不入"、不会受到伤害，或者认为不幸只会降临到他人身上，往往懈怠对危险采取预防性措施。例如，哈布拉米特奥卢和伊尔迪里姆（Hablemitoglu & Yildirim，2008）的研究表明，乐观偏差可能会导致人们产生如下想法："如果生活中的危险会更多降临到他人身上，那么危险是他人应该考虑而不是自己需要考虑的，所以没有必要改变自己的行为。"那些认为个人特质会使自己免于遭遇危险，或者认为自己的行为不会导致危险的个体，更可能出现诸如酒后驾车、无保护性行为和酒精滥用等危险行为（Bränström，Kristjansson，& Ullén，2005）。乐观偏差的消极作用并不限于健康领域，也会对经济领域创业投资等方面产生不利影响。例如，尽管有翔实的调查数据表明，仅有 1/3 的新企业在四年后能够幸存，但每个创业者在创业之初都相信自己能够超越这个成败概率，更可能获得创业的成功。乐观偏差还会导致个体的盲目选择，即使事业已经处于不利状况，撤资是更谨慎合理的选择，但创业者仍然坚持经营，从而导致更多资金损失（Coelho，2009）。另外，乐观偏差还会导致个体非理性消费、过度借贷等行为（Seaward & Kemp，2000）。

第二章 研究构想

第一节 以往研究的不足及启示

对乐观偏差研究的文献综述发现，相关研究多是国外开展的，国内的相关研究尚少。同时，虽然国外对乐观偏差的研究已经取得了相当丰富的成果，但仍然存在以下几个问题。

第一，从乐观偏差的研究方法看，多数研究采用的是自陈量表方式，让研究对象自己评估，与他人相比，某个事件或某些事件发生在自己身上或发生在他人身上的可能性。可以看出，以往的研究方法多是在外显层面上对乐观偏差进行测量。既然乐观偏差是一个普遍存在的现象，大多数人认为"好事情更垂青自己，而坏事情更光顾他人"，那么，乐观偏差是不是人们的一种无意识的自动化反应呢？换言之，乐观偏差是否具有内隐效应？目前尚未有研究在内隐层面上对乐观偏差进行考察。根据内隐研究的观点，个体的某些内隐经验会受自身内省能力的限制而无法被个体觉察到，但这些经验仍然会对研究对象的行为产生影响。因此，在以往乐观偏差的研究基础上，根据内隐社会认知理论，本书设想乐观偏差既然在外显层面上是一个普遍存在的现象，人们能够有意识地认为积极事件更可能发生在自己身上，而消极事件更可能发生在他人身上。那么，在无意识水平上可能也会存在这种乐观偏差。据此，本书认为，可以采用内隐测量的方法，在内隐层面上对乐观偏差进行考察。一方面，可以对乐观偏差研究方法的单一性进行补充；另一方面，也可以探讨乐观偏差是否也具有无意识、自动加工的内隐特点。

第二，以往对乐观偏差的研究，多数是在健康情境中考察某（些）事件特征对乐观偏差的影响，并为健康实践领域提供理论参考。但以往多数是相关研究，即使研究得出了事件特征与乐观偏差存在显著相关的结论，也不能说明事件特征对乐观偏差是否真正产生了影响。因此，有研究者提出，应该采用实验法对事件特征进行严格控制，以考察事件特征对乐观偏差的影响。例如，赫尔维格-拉森和谢泼德（Helweg-Larsen & Shepperd，2001）在其研究中就提出，即使个体对不同程度严重事件的乐观偏差表现出差异，也不能说明这些差异一定是由事件严重性导致的，并建议以后的研究应该采用实验法来控制其他因素，以考察事件严重性对乐观偏差的影响。因此，本书拟采用实验法，在健康情境中考察事件特征对乐观偏差的影响。

第三，当今社会充满了竞争，人与人之间有各种竞争，组织与组织之间也存在不同形式的竞争。通常，能够取得成功或在竞争中获胜是个体和组织都期望得到的结果；这会让个体和组织成员体验到成功的喜悦，增强个体的自尊和自我效能（或组织效能感）。而组织目标的实现或组织在竞争中获胜的可能性，在很大程度上依赖于组织成员的努力及其对组织结果预期的信念。因此，组织成员的乐观偏差对组织目标的达成可能会产生影响。有研究者提出，群体成员对所在群体的将来结果预期是有乐观倾向的。另外，还有研究结果表明，组织成员对所属组织的乐观预期依赖于组织成员的组织忠诚（Krizan & Windschitl，2007），组织忠诚会影响组织成员的乐观偏差程度。但是，这方面的研究多是在临时或虚构的群体中进行的，尚未有研究在真实的组织情境中进行考察。根据乐观偏差的相关文献，我们知道个体的乐观偏差程度与其更高的成就动机、更强的任务持续性、更高的绩效呈正相关，并最终可能推动个体取得更大的成功（Coelho，2009）。由此可以推论，如果组织成员对组织在竞争中的表现存在乐观偏差，可能也会有助于组织在竞争中取得成功，有助于组织更高目标的达成。因此，本书认为，有必要在真实的组织情境中，对组织成员的乐观偏差进行考察，研究结果可以为组织管理实践提供一定的参考和借鉴。

第四，以往有关情绪对乐观偏差的影响尚不多见，已有研究多数采用问卷调查法考察快乐、悲伤、焦虑、抑郁等具体情绪对乐观偏差的影响，而且研究结论只是对二者相关性的探讨。另外，这些研究主要考察各种情绪与中性情绪相比对乐观偏差的影响，较少有研究直接比较积极情绪和消极情绪对乐观偏差的影响差异。因此，本书根据以往的研究，认为不同的情境会诱发个体不同的情绪，而不同的情绪又会影响个体的乐观偏差。因此，本书主要采用实验法，考察不同情境诱发的积极情绪和消极情绪对乐观偏差的影响，并进一步比较二者的差异。

第二节　研究目的及构想

一　研究目的

总体而言，本书拟在中国文化背景下，从外显和内隐两个层面采用不同方法对大学生的乐观偏差状况进行考察。在此基础上，进一步探讨气质性乐观和自我效能感这两个人格因素对乐观偏差的影响，接着在健康情境和组织情境中采用实验法考察乐观偏差的影响因素。最后，采用情绪启动范式来考察情绪对乐观偏差的影响。

具体而言，本书将重点探讨以下问题。

（1）在中国文化背景下，对乐观偏差进行外显测量研究。采用问卷调查法，考察大学生的乐观偏差状况。

（2）采用内隐研究范式，对乐观偏差进行内隐测量研究，考察乐观偏差的内隐效应。

（3）采用问卷调查法，考察气质性乐观和自我效能感这两个人格因素对乐观偏差的影响。

（4）采用实验法，在健康情境中考查事件特征对乐观偏差的影响。

（5）采用实验法，在组织情境中探讨组织成员的组织认同及不同测量方法对乐观偏差的影响。

（6）采用实验法，考察积极情绪和消极情绪对乐观偏差的影响，并进一步比较二者的差异。

二 研究设想

（一）研究思路

基于以上研究目的，本书具体的研究思路如下（研究框架见图1）。

第一，通过文献综述发现，国内对乐观偏差的实证研究尚不丰富。因此，研究思路一是在中国文化背景下，对大学生群体的乐观偏差状况进行初步调查，并进一步作跨文化比较研究。

第二，本书依据"双重态度模型"，设想个体对将来事件的判断，可能也存在外显的态度系统和内隐的态度系统。既然人们能够有意识地认为积极事件更可能发生在自己身上或消极事件更可能发生在他人身上，那么，在无意识水平上可能也会存在这种乐观偏差。换言之，乐观偏差可能具有自动化无意识的内隐特点。因此，研究思路二是采用 IAT 和 GNAT 两种内隐研究范式，在内隐层面上对乐观偏差进行考察。一方面，可以对以往研究方法的单一性进行补充；另一方面，也可以考察乐观偏差是否具有自动化无意识的内隐特点。

第三，以往国外关于人格因素对乐观偏差影响的研究较少，而国内这方面的研究更是少见。因此，研究思路三着重考察大学生的人格特质，并进一步探讨人格因素对乐观偏差的影响。具体而言，研究思路三先分别考察大学生的气质性乐观和一般自我效能感状况，然后通过比较乐观者与悲观者的乐观偏差差异，以及比较高一般自我效能感者与低一般自我效能感者的乐观偏差差异，来分析气质性乐观和一般自我效能感对乐观偏差的影响。一方面可以丰富国内相关研究成果，另一方面可以与国外的研究结果进行跨文化比较。

第四，以往有关事件特征对乐观偏差影响的研究多数为相关研究，而相关研究只是一种基于描述的研究方法，其研究结果不一定能进行因果推论。因此，研究思路四采用实验法，在健康情境中，分别考察事件可控性和严重性这两个事件特征对乐观偏差的影响，既可以对以往的相关研究结果进行验证，也可以对事件特征的影响进行因果推论。

第五，虽然有少数研究结果表明，组织成员出于对组织的忠诚，会导致其对组织在竞争中的表现产生不切实际的乐观预期，但这方面的研究都是在临时的虚拟群体中进行的。因此，研究思路五是在真正的组织情境中，考察组织认同是否会影响研究对象对所属组织在竞争中获胜预期的乐观偏差。另外，以往的研究提出，直接比较测量和间接比较测量可能会对研究对象的乐观偏差产生不同的影响。所以，研究思路五的另一个目的是考察不同的测量方法是否会导致不同程度的乐观偏差。

第六，以往有关情绪对乐观偏差的影响研究尚少，已有的研究多数采用问卷调查法，主要考察快乐、悲伤、焦虑、抑郁、担忧等具体情绪与中性情绪相比对乐观偏差的影响，较少有研究比较积极情绪和消极情绪对乐观偏差的影响差异。而且在研究过程中，研究对象并不一定产生了研究所需要的具体情绪，因为个体的多数情绪并非某种具体情绪，而是多种情绪的复合体。因此，本书根据以往的研究，主要考察研究对象在不同情境下所诱发的积极情绪和消极情绪对乐观偏差的影响，并对二者的差异进行比较分析。

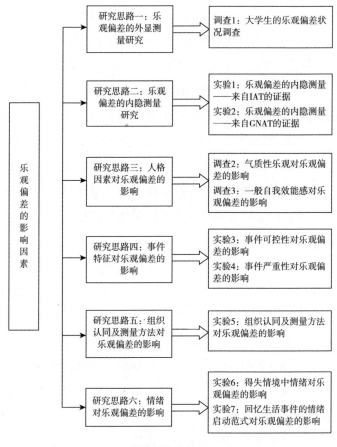

图 1 研究框架

（二）研究假设

根据以上研究思路，本书提出以下假设。

假设 1a：大学生群体普遍存在乐观偏差，认为积极事件更可能发生在自己身上，而消极事件更可能发生在他人身上。

假设 1b：乐观偏差在性别上不存在显著差异。

假设 2：乐观偏差具有自动化和无意识的内隐特点。

假设 3a：气质性乐观影响乐观偏差，乐观者的乐观偏差显著高于悲观者。

假设 3b：一般自我效能感影响乐观偏差，高一般自我效能感的个体表现出更大程度的乐观偏差。

假设 4a：事件可控性会影响乐观偏差，与低可控事件相比，高可控事件会导致更大程度的乐观偏差。

假设 4b：事件严重性会影响乐观偏差，与严重事件相比，低严重事件会导致更大程度的乐观偏差。

假设 5a：组织认同会影响乐观偏差，启动研究对象的组织认同会导致更大程度的乐观偏差。

假设 5b：直接比较测量和间接比较测量对乐观偏差有影响，直接比较测量比间接比较测量导致更大程度的乐观偏差。

假设 6a：在不同情绪状态下，个体都会表现出乐观偏差，但是程度不同。

假设 6b：与消极情绪相比，积极情绪状态下的研究对象会产生更大程度的乐观偏差。

第三章　乐观偏差的外显测量研究

"社会比较"普遍存在于人们的生活中，人们经常会进行各种比较："与一般人相比，我的健康状况如何？与我的竞争者相比，我是否能够获胜？与其他员工相比，对组织目标的实现，我做出的贡献是多少？"同时，人们通常会以社会比较的结果为依据进行判断并作出最终决策。早在1954年，美国学者费斯汀格（Festinger）就提出了社会比较理论，他认为人们有一种评价自己能力和观点的内在驱力。也就是说，人们会在与他人比较的基础上形成对自我的评价，这个过程就是社会比较（Suls & Miller, 1977）。在进行社会比较时，人们通常对自己是充满乐观的：人们倾向于认为好事情更垂青自己，而坏事情更可能光顾他人；人们认为自己是"刀枪不入"、不易受到伤害的；人们认为他人而非自己是不幸的牺牲品。但是，研究者提出，尽管这种乐观的信念对具体个人而言可能是准确的，但它在群体水平上是不切实际的（Weinstein, 1980, 1982; Klein, 2010; Harris & Hahn, 2011）。根据概率论的逻辑，某个群体中的大多数成员不可能经历积极事件的可能性都高于平均水平，或遭遇消极事件的可能性都低于平均水平。因此，这种乐观的比较判断在群体水平上就是一种有偏差的估计，是不切实际的。

对乐观偏差以往研究的梳理发现，绝大多数研究采用自陈量表为研究工具进行外显测量，即让研究对象将自己与某个同辈参照者或同辈参照群体进行比较，判断自己（直接比较测量）或他人（间接比较测量）经历某类事件的可能性，这个可能性判断结果可以表明研究对象是否表现出一定程度的乐观偏差。另外，大多数以往乐观偏差的研究是以大学生为研究对象进行的。基于此，本章参照以往乐观偏差的研究方法和研究对象，首先采用自陈量表的外显测量方法，着重考察中国文化背景下大学生群体的乐观偏差状况，并可以与国外的研究结果进行跨文化比较。具体而言，研究思路一有两个基本假设。

假设 1a：大学生群体普遍存在乐观偏差，认为积极事件更可能发生在自己身上，而消极事件更可能发生在他人身上。

假设 1b：乐观偏差在性别上不存在显著差异。

第一节 大学生乐观偏差的总体状况

一 研究对象

本章采用问卷调查法，以在校大学生为调查对象，在河南、贵州、广西三省区几所高校共发放问卷 1200 份，回收有效问卷 1090 份，有效率 90.83%。其中男生 540 名，女生 550 名，平均年龄 20.78±1.37 岁。

二 研究工具

本章采用的研究工具是借鉴乐观偏差概念提出者温斯坦（Weinstein，1980）对乐观偏差的研究材料，经过修订后形成的生活事件问卷。该问卷由 24 个生活事件组成，其中 12 个事件是积极事件，12 个事件是消极事件，积极事件和消极事件在问卷中的呈现顺序是随机排列的。在正式调查中，让研究对象对每个生活事件进行可能性五级评定。可能性的评分为：1=低于一般大学生，2＝略低于一般大学生，3＝相等，4＝略高于一般大学生，5＝高于一般大学生。让研究对象根据自己的判断，在相应的数字上打钩。研究对象在积极事件上的可能性判断大于3或在消极事件上的可能性判断小于3就表明存在一定程度的乐观偏差。

三 研究程序

问卷除了通过问卷星网发放外，还由各高校教授心理学课程的老师以班级为单位发放问卷，进行集体施测，然后统一收回问卷，寄还研究者。剔除无效问卷后，对有效数据采用SPSS16.0进行数据处理和分析。

四 研究结果

（一）大学生在生活事件上的乐观偏差总体状况

首先对1090个研究对象对24个生活事件发生的可能性判断进行了描述性统计，结果见表1。

表1　生活事件可能性判断的描述性统计（N＝1090）

	M±SD		M±SD		M±SD
P_1	3.67±0.88	P_9	3.76±0.88	P_{17}	2.16±0.97
P_2	1.48±0.82	P_{10}	3.70±1.03	P_{18}	3.77±0.73
P_3	3.52±1.10	P_{11}	2.44±1.23	P_{19}	2.41±0.88
P_4	2.30±0.95	P_{12}	1.77±0.92	P_{20}	1.91±0.94
P_5	3.04±1.15	P_{13}	3.86±0.82	P_{21}	1.57±0.77
P_6	1.87±1.03	P_{14}	1.60±0.80	P_{22}	1.75±0.82
P_7	3.50±1.20	P_{15}	3.04±1.04	P_{23}	2.87±1.10
P_8	1.73±1.01	P_{16}	1.94±0.97	P_{24}	3.55±0.94

注：表中P代表研究对象对每一个生活事件的可能性判断。

在 24 个生活事件中，第 1、3、5、7、9、10、11、13、15、18、23、24 是积极事件，第 2、4、6、8、12、14、16、17、19、20、21、22 是消极事件。从结果可以看出，在积极事件中，除了第 11 个题项"彩票中奖"和第 23 个题项"冬天不会生病"以外，研究对象对其他 10 个积极事件可能性的判断平均数都大于 3，即研究对象认为与一般大学生相比，绝大多数积极事件（83.33%）发生在自己身上的可能性更大。同时，在所有 12 个消极事件上，研究对象的判断平均数都小于 3，即研究对象认为与一般大学生相比，消极事件发生在自己身上的可能性更低。

针对每个研究对象对 12 个积极事件和 12 个消极事件发生的可能性判断分别计算积极事件和消极事件的平均分和标准差，并将积极事件和消极事件的平均分与量表中值 3 进行了单样本 T 检验。结果表明，研究对象对积极事件的可能性判断平均分（3.44±0.54）仍然显著大于 3（$t = 19.22$，$p < 0.01$），研究对象对消极事件的可能性判断平均分（1.88±0.65）同样显著小于 3（$t = -39.86$，$p < 0.01$）。这个结果表明，大学生群体同时存在指向自己的 I 型乐观偏差（即认为积极事件更可能发生在自己身上）和指向他人的 II 型乐观偏差（即认为消极事件更可能发生在他人身上）。

（二）乐观偏差的性别差异比较

根据 1090 个研究对象对 12 个积极事件和 12 个消极事件的可能性评定平均分的性别差异情况进行独立样本 T 检验，检验结果表明，对积极事件的乐观偏差在性别上没有显著差异：男生的可能性判断（$M = 3.32 \pm 0.57$）与女生的可能性判断（$M = 3.40 \pm 0.58$）相比，二者没有显著差异（$t = -2.40$，$p > 0.05$）。同样，对消极事件的乐观偏差在性别上也不存在显著差异：男生的可能性判断（$M = 1.91 \pm 0.63$）与女生的可能性判断（$M = 1.85 \pm 0.63$）相比，也没有表现出显著差异（$t = 0.87$，$p > 0.05$）。

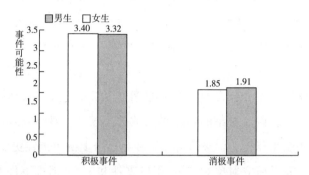

图1 男生/女生的积极/消极事件可能性判断比较

第二节 讨论和小结

一 大学生乐观偏差状况分析

（一）大学生乐观偏差总体状况

本章通过分析1090个研究对象的生活事件问卷，来考察大学生在生活事件上的乐观偏差。乐观偏差的测量指标是研究对象对事件发生在自己身上的可能性判断，如果可能性判断大于3（积极事件）或者小于3（消极事件），就说明研究对象存在乐观偏差。研究结果表明，大学生群体在生活事件上的确存在显著的乐观偏差：他们认为，与一般大学生相比，积极事件发生在自己身上的可能性更大，而消极事件发生在一般大学生身上的可能性更大，即大学生同时表现出指向自己的Ⅰ型乐观偏差和指向他人的Ⅱ型乐观偏差。性别比较结果表明，乐观偏差在性别上并没有显著差异。假设1a和假设1b得到证实。这与以往的研究结论是一致的，以往以大学生为研究对象的研究表明，乐观偏差是一种普遍存在的现象，并且没有性别等人口统计学变量差异（Hablemitoglu & Yildirim，2008；Weinstein，1980，1982）。

（二）原因分析

我们认为，大学生会同时表现出 I 型乐观偏差和 II 型乐观偏差，可以用自我提升的动机进行解释。自我提升动机涉及人们被激励去体验积极情绪和避免体验消极情绪的原因。人们倾向于自我感觉良好，并愿意最大限度地体会到自尊。而自我提升动机又包含两个方面的含义：一方面，个体为维持或增强自尊而表现出的自我提高，另一方面，个体为降低焦虑而采取的自我保护。自我保护和自我提高可谓自我提升的"阴"和"阳"两方面，而两者中又以自我保护作用更为突出（Sedikides & Gregg，2006）。这两方面分别在两种类型的乐观偏差中有所体现：当个体面对积极事件时，认为好事情更可能发生在自己身上，这种非真实的乐观判断会让人对自己拥有一个积极的信念，维持或者提高自尊感，正是自我提升的"阳"面——自我提高的体现，所以研究对象会表现出 I 型乐观偏差。相反，当个体面对消极事件时，会认为消极事件更可能发生在他人身上。因为消极事件或不好的结果会让个体感到焦虑，为降低焦虑，个体就会采取否认等防御机制，认为消极事件更不可能发生在自己身上，从而让自己感到安心，即表现出 II 型乐观偏差。这种类型的乐观偏差是自我提升的"阴"面——自我保护的体现。自我提升动机可以追溯到人类的进化过程中。正如自然选择过程推动了人类某些生理特点的进化一样，根据进化心理学的观点，人类的心理机制也是如此。人类现在所拥有的心理与行为在进化过程中通常有重要的适应和生存价值，它们对种系的繁衍具有直接或间接作用。这些心理机制是人类特有的功能，它们有助于人类有效应对日常问题和需要。这些经过自然选择保留下来的心理机制使人类更有可能生存和繁衍后代。自我提升动机就是在人类进化过程中保留下来的、具有适应价值的心理驱力（Sedikides, Skowronski, & Dunbar, 2006）。自我提升动机有助于人们忘记失败、降低焦虑、记住成就，更让人安心，其本质在于维持或提高个体的自尊（Sedikies & Skowronski, 2009）。另外，乐观偏差的产生，也可能是个体在进行比较时，采用向下的社会比较。判断时采取向下的社会比较可以让个体感到自己比他人优秀、体验到优越感，增强个体的自尊。所以，在进行比较判断时，个体可能会选择一个比自己逊色的比较对象，从而导致乐观偏差。

另外，从产生乐观偏差的认知角度来看，个体由于自我中心主义倾向，比较判断时会倾向于想起自己可能经历积极事件或更不可能经历消极事件有关的信息，而不会注意并提取他人的有关信息，结果导致了乐观偏差。而自我中心主义的解释与认知—生态取样有相同之处。根据认知—生态取样的解释，人们在取样过程中的心理预设与限制，会造成对某些信息十分敏感。众所周知，人们对自我信息是十分敏感的，在判断过程中会倾向于更多提取自我信息，偏差是人们对所选择样本某个方面进行判断的结果。例如，在对心脏病发生在自己身上的可能性进行比较判断时，人们会选择自己不易患病的信息，而忽略自己可能患病的信息，从而认为心脏病更不可能发生在自己身上。因此，无论是积极事件上的乐观偏差还是消极事件上的乐观偏差，都可以用认知机制或动机机制进行解释。当然，乐观偏差的产生并不能仅用动机或认知机制来充分解释，而需要考虑动机和认知机制对乐观偏差的共同作用。

二 小结

根据研究思路一的结果可以得出以下两个结论。

第一，大学生对生活事件普遍存在乐观偏差，具体表现为：指向自己的 I 型乐观偏差，即与一般大学生相比，认为积极事件更可能发生在自己身上；指向他人的 II 型乐观偏差，即认为消极事件更可能发生在他人（一般大学生）身上。假设 1a 得到证实。

第二，乐观偏差在性别上没有显著差异，假设 1b 得到证实。

第四章　乐观偏差的内隐测量研究

第一节　内隐社会认知研究

一　内隐社会认知研究的缘起与界定

人们对自己所处客观世界的认知和思维，既包括个体对物理世界的认识，即非社会信息的认知，这属于物理认知，也称为物认知或一般认知；另外还包括社会认知，即对各种社会信息的认知。社会认知（social cognition）被界定为个体综合加工各种社会刺激的过程。在社会认知的基础上个体形成自己的社会动机系统和社会情感系统，它也是影响社会动机系统和社会情感系统发生变化的基础。其中社会知觉、归因、评价以及社会态度是影响社会认知形成的几个主要方面。个体关于社会性对象的心理表征内部知识结构与由各种具体的人和社会场合信息所构成的外部事件的相互作用是社会认知关注的焦点。有关社会认知的研究包括个体的归因、自我概念、图式、认知（注意、记忆、推理）、态度、情感以及人际知觉等各个方面，重点是个体对自身社会行为的认知调节。自20世纪70年代伊始，对个体社会认知过程的研究成为社会心理学领域的研究重点，但当时有关社会认知的研究主要是有意识信息加工方面的。当认知心理学成为主流之后，研究者发现，有关人是"朴素的科学家"或"目标明确的策略家"的隐喻（metaphor）似乎并不完全恰当，原因是对个体行为的解释，无法仅仅凭借"逻辑"或"理性"就能解释清楚。因此，研究者开始关注人的非理性方面。随着研究的开展，到 20 世纪 90 年代中叶，美国心理学家格林沃尔德（Greenwald）和巴纳吉（Banaji）依据个体对社会信息加工包括有意识加工和无意识加工两个方面，把个体的社会认知也划分为外显的社会认知和内隐的社会认知两个方面，并在此基础上开创了内隐社会认知（implicit social cognition）这一新的研究范畴。内隐社会认知领域的研究揭示了有意识的社会认知过程中，个体的无意识成分参与情况，从而拓展了以往有关社会认知研究的领域。

内隐社会认知是指，个体在社会认知过程中不能回忆起某些过去的经验，但这些经验会对其行为和判断产生潜在影响。在此过程中个体虽然无法内省或描述自己的心理活动，然而，这些没有被明确意识到的心理过程潜在影响着个体的判断及行为。内隐社会认知强调，个体的无意识参与了个体有意识的社会认知加工过程，因此将个体认知过程的有意识和无意识两个方面结合起来考察，具备更全面的理论基础。内隐社会认知揭示了无意识成分参与有意识的社会认知过程，是当前社会认知研究领域的热点。

二　内隐社会认知的主要研究方法

内隐社会认知研究主要采用间接测量技术和方法，将行为主义、精神分析学派视为无法验证的内部心理过程，以及传统认知心理学忽视的无意识信息加工过程通过直接客观的实验研究，也为弗洛伊德的潜意识观点提供了一些实证证据。从一般认知到社会认知，再发展到内隐社会认知，这是一个逐步深化、依次递进的过程。无论是内隐社会认知的理论基础还是方法技术都与内隐记忆的研究有很深的渊源。因此，内隐社会认知的研究方法是以反应时为基础进行的，在内隐记忆研究中越来越完善的间接测量方法对内隐社会认知研究起了重要的推动作用。内隐社会认知的研究内容主要包括内隐自尊、内隐态度以及内隐刻板印象等方面。

1. 实验性加工分离

"启动效应"（priming effect）是科弗（Cofer）1985 年最早在遗忘症患者身上发现的。后来研究者发现，启动效应本质上是个体自动的、不需要有意识回忆的一种记忆现象。据此，格拉夫（Graf）和沙克特（Schacter）将这种现象命名为内隐记忆，以与传统的需要个体有意识回忆的外显记忆加以区分。

对内隐记忆进行研究主要采用基于实验性分离范式的研究方法。实验性分离范式的核心思想是，如果用以比较的两个测验包含的加工过程是相同的，或者是高度相关的加工过程，则这两个测验不应出现实质性分离，如果出现了分离，那么测验中所控制的自变量就有可能包含不同性质的加工过程。

由雅各比（Jacoby）等人提出的过程分离程序不但较为成功地分离出有意识和无意识加工的影响，而且还对有意识和无意识的加工作用进行了定量分析。雅各比根据实验指导语设计了两类测验，包含测验和排除测验。在包含测验中，被试要根据研究目的首先考虑用先前学习过的信息完成该测验。在排除测验中，被试要选用首先进入意识但又不能是先前学习过的信息来完成测验。在目前的内隐记忆研究中，过程分离程序是一种发展较成熟的实验性分离方法。早期认知心理学家关于内隐记忆和外显记忆的分离研究主要是针对抽象概念的信息加工，随着社会心理学开始采用认知心理学的方法进行研究，二者密切结合后研究者在研究中发现，除了记忆这个认知过程以外，个体对社会信息的获得、表征和提取等认知加工过程同样也存在有意识和无意识性。

2. 内隐联想测验及其发展

1998 年格林沃尔德等人在其内隐社会认知理论的基础上，提出了一种新的研究方法——内隐联想测验（Implicit Association Test，IAT）。他们采用这种新的研究方法对内隐社会认知进行了大量研究，并逐渐改进了内隐联想测验的程序和计分等，使得这种方法在内隐社会认知研究中被广泛运用。

内隐联想测验的生物学基础是神经网络模型。根据该模型的观点，信息被储存在一系列按照语义关系分层组织起来的神经联系结点上，通过测量两类概念神经联系的距离就能得出这两类概念的联系。社会心理学有关个体社会态度的研究，通常给研究对象呈现的研究刺激具有复杂的社会意义，因此研究对象对这些研究刺激作出的心理反应必然也是复杂的。呈现给研究对象的刺激也许与研究对象的内在需要或内隐态度相符，也可能不一致。当呈现给研究对象的刺激所暗含的社会意义不同时，研究对象加工过程的复杂程度必然也不一样，这就会导致研究对象对研究刺激作出反应的反应时长短有差异。如果要求研究对象对刺激必须作出快速反应，那么这种研究条件下研究对象对刺激的反应很难受到自己意识的控制，此时收集到的研究对象的社会认知结果即是一种内隐反应。

与传统的内隐社会认知研究方法相比，内隐联想测验的一个重大突破就是通过对研究对象社会认知过程的动态评估实现对其内隐态度的静态测量。内隐联想测验是建立在对内部过程直接测量的基础上，在实验中可以有效地控制研究对象意识的干扰，因而实验效度更高。另外，研究者还可以通过不同的实验设计来测量不同的内隐态度，从而能够对研究对象进行个别差异性测量，这就开拓了内隐社会认知新的研究方向。

后来又有研究者在格林沃尔德提出的 IAT 基础上，开发出各种不同的修正方案，这些新的研究方法仍然属于内隐联想测验的范畴，因为它们均是对 IAT 的继承和发展。这些新的 IAT 研究方法主要包括单类内隐联想测验（SC-IAT）、单靶内隐联想测验（ST-IAT）和单属性内隐联想测验（SA-IAT）。

3. Go/No-go 联想测验

Go/No-go 联想任务（Go/No-go Association Task，GNAT）也是基于反应时范式内隐社会认知的研究方法，而反应时范式是认知心理学中最常用的范式之一。内隐联想测验是一种以反应时为指标，对概念词和属性词进行评价性联系的测量，从而实现对内隐态度和内隐社会认知的间接测量方法。GNAT 是由诺塞克和巴纳吉（Nosek & Banaji，2001）提出的测量内隐社会认知的方法，它吸收了信号检测论的思想，将个体的辨别力作为测量指标，是对内隐联想测验的补充和发展。

采用 IAT 进行内隐社会认知测量的研究，仅把研究对象的反应时作为考察指标。研究对象在实验过程中，要对刺激词进行快速分类，研究者更注重反应速度对认知成绩的影响而不注重反应的准确率。越来越多的研究者后来发现，如果只注重研究对象的反应时，将其作为研究的因变量，会导致无法将研究对象反应的错误率信息纳入研究，可能损失了有用的信息。而 GNAT 考察的是目标类别（如水果）和属性维度（如积极和消极评价）概念之间的联结强度，从而可以突破 IAT 研究中需要研究者提供类别维度，因而无法对某一对象（如花或昆虫）作出相应评价的局限。

具体而言，GNAT 在信号检测论的思想基础上，实验中包括了两类刺激，分别为目标刺激（即信号）和分心刺激（即噪音）。当研究对象看到目标刺激时需要作出反应（称为 Go），而当研究

对象看到分心刺激时不作出反应（称为 No-go）。研究对象正确的
"Go"（反应）叫作击中率，而研究对象错误的"Go"（反应）
叫作虚报率。将研究对象的击中率和虚报率分别转化为 z 分数之
后，二者的差值就是研究对象在实验中的辨别力指数 d'，该指标
反映研究对象能否从噪音中正确区分信号的能力，同时也表明实
验中类别和评价之间的联结程度。GNAT 的核心思想是：由于信
号中的目标类别与属性类别概念存在紧密联系，相对于没有紧密
联系或者不存在联系的联结，研究对象对前者更加敏感，所以更
能从噪音中分辨出信号。研究对象的辨别力指数值越大，表明研
究对象从噪音中分辨出信号的能力越强。基于此，研究者认为，
GNAT 是对 IAT 仅将反应时作为研究指标的不足的有效弥补。
GNAT 中辨别力指数 d' 的计算过程纳入了研究对象反应的错误率，
因此是考察研究对象分辨能力的一个有效指标。此外，研究者可
以根据不同判断任务中辨别力指数 d' 的比较，来表明研究对象的
目标概念和不同评价的联结强度。

三　研究设想

以往对乐观偏差的研究，采用外显的自我报告法，让研究对
象报告，与他人相比，某（些）事件发生在自己或他人身上的可
能性。这些研究都是在外显层面上进行的。依据双重态度模型
（dual-attitude model）的观点，个体对同一客体对象能同时拥有外
显的态度系统和内隐的态度系统两种不同的评价。外显的态度系
统是能够被人们意识到的，可以有意识地控制，通过自我反省能
够表现出来，通过慢速加工形成的评价，它易于报告；内隐的态
度系统是人们对客体对象无意识的、自动直觉快速地加工形成的
评价（Cunningham & Zelazo，2007）。对同一客体对象的外显态度
与内隐态度可以同时存在于个体的记忆中。当个体觉察到外显态

度，并且外显态度的强度能够超越和抑制内隐态度时，个体就会报告外显态度；而当个体没有能力和动机觉察到外显态度时，就只报告内隐态度。因此，本章研究设想，个体对将来事件的判断，可能存在外显的态度系统和内隐的态度系统。既然人们能够有意识地认为积极事件更可能发生在自己身上或消极事件更可能发生在他人身上，那么，在无意识水平上可能也会存在这种乐观偏差。换言之，乐观偏差可能具有自动化无意识的内隐特点。因此，研究思路二在内隐层面上对乐观偏差进行考察。一方面，可以对以往研究方法的单一性进行补充；另一方面，也可以考察乐观偏差是否具有自动化无意识的内隐特点。

目前，内隐社会认知研究的方法多种多样。一方面，可以给研究者提供更多的选择；但另一方面，不同的方法各有优势和不足。因此，在同一研究中采用多种研究方法，可以让不同方法得出的结果相互补充和验证，让结果更加深入和精细、更加可靠和有效。因此，本章准备分别进行两个实验，其中实验 1 采用 IAT 方法，实验 2 采用 GNAT 方法，分别研究内隐的乐观偏差，考察乐观偏差是否也具有内隐认知的特点。具体而言，研究思路二提出如下假设。

假设 2：乐观偏差具有自动化和无意识的内隐特点。

第二节 乐观偏差的内隐测量：
来自 IAT 的证据

内隐社会认知领域的内隐测量方法很多，但使用较多且有代表性的方法就是基于反应时的内隐联想测验。内隐联想测验（IAT）具有很强的适应性，可以用于测量很多社会认知研究领域的内隐现象。因此，本节首先用 IAT 来测量乐观偏差的内隐效应。

一　研究对象

本节选取了 60 名在校大学生，其中男生 27 人，女生 33 人，平均年龄 20.42±1.23 岁，所有研究对象自愿有偿参加本研究，均能够熟练操作电脑，视力或矫正视力正常，右利手，无色盲或色弱情况，且以前均未参加过类似研究。

二　实验设计

实验 1 采用的是 2（目标：自己 vs. 他人）×2（事件效价：积极 vs. 消极）被试内设计，测量指标是研究对象的反应时。

三　实验材料

IAT 实验材料包括两类词：概念词和属性词。其中概念词又分为自我词和非我词两种，各 8 个。自我词包括：我、我的、自己、自己的、本人、自个儿、自身、俺。非我词包括：他、他的、别人、别人的、其他人、人家的、外人、他人。属性词包括四个字的积极事件词和四个字的消极事件词，各 8 个。积极事件词包括：事业成功、婚姻幸福、经济富裕、亲人健康、人际良好、结交朋友、身体健康、晚年幸福。消极事件词包括：事业受挫、婚姻失败、经济拮据、亲人去世、人际矛盾、遭遇意外、身患疾病、晚年孤寂。积极事件词和消极事件词的选取来自前期对大学生未来生活事件乐观偏差的调查研究，从中选取积极事件词和消极事件词各 8 个。

四　实验程序

乐观偏差的 IAT 测验程序示例见表 1，整个实验过程分为练习阶段和测试阶段。练习阶段的数据不进入实验结果分析，只分析测试阶段的数据。实验包括两种基本任务：相容归类任务和不相容归类任务。在相容归类任务中，要求研究对象把自我词和积极事件词归为一类，并作出按 I 键反应，把他人词和消极事件词归为另一类并按 E 键反应。在不相容归类任务中，研究对象的任务反转，要把自我词和消极事件词归为一类并按 I 键反应，把他人词和积极事件词归为一类并按 E 键反应。在正式测验开始前，研究对象要进行练习，以熟悉实验程序，对研究对象在练习中的错误会作出反馈。在正式实验中，为消除可能的顺序效应，两种归类任务出现的顺序要在研究对象间进行平衡。

表 1　IAT 测验程序示例

组块	测验数量	功能	反应	
			左键	右键
1	20	练习（联想属性词辨别）	积极	消极
2	20	练习（初始概念词辨别）	我	非我
3	20	练习（初始联结任务 1）	自我+积极	他人+消极
4	40	测验（初始联结任务 1）	自我+积极	他人+消极
5	20	练习（相反属性词辨别）	非我	我
6	20	练习（相反联结任务 2）	他人+积极	我+消极
7	40	测验（相反联结任务 2）	他人+积极	我+消极

　　IAT 测验程序采用美国 Inquisit 专业软件实施。本节用上述"自我词/非我词——积极事件词/消极事件词"对软件中的词语进行了必要替换。程序记录研究对象每一次按键反应的时间及正误。实验采用个别施测方式，对收集到的数据通过 SPSS16.0 进行统计分析。

五　研究结果

对研究对象的数据处理参照格林沃尔德等人 2003 年提出的新方法。有效数据选取的标准是：①将 10% 以上试次低于 300 毫秒的研究对象予以排除；②排除反应时高于 10000 毫秒和低于 400 毫秒的试次。对筛选出的数据，分别计算相容归类任务和不相容归类任务的反应时之差。为便于对结果进行统计分析，还对保留下来的相容任务与不相容任务平均反应时之差数据作 d 转换，作为内隐乐观偏差的指标（见图 1）。

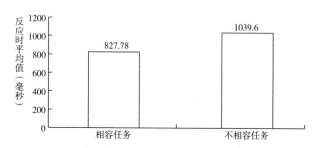

图1　相容任务与不相容任务反应时平均值

对 IAT 数据进行配对样本 t 检验，结果表明，相容任务和不相容任务的评价反应时在 0.01 水平上存在显著差异（$t(60) = -8.06$，$p < 0.01$），说明研究对象在相容归类任务上的反应时均显著低于不相容归类任务。当研究对象把自我词与积极事件词归为一类，把非我词与消极事件词归为一类，即作相容归类任务判断时，研究对象的反应时较短；而把自我词与消极事件词归为一类，把非我词与积极事件词归为一类，即作不相容归类任务判断时，研究对象的反应时较长。这一结果表明，研究对象倾向于将自我与积极事件联系在一起，而将他人与消极事件联系在一起。

本节对筛选后的数据进行了 d 值转换。d 值转换是将相容任务与不相容任务的平均反应时之差除以所有有效反应时的标准差。计算的结果 d 值见表 2。

表 2 d 值差异检验

M	SD	t	P	N	d 值大于 0 的频次和均值
0.47	0.35	10.23 ***	0.00	60	$N = 56$（93.3%），$M = 0.51$

结果表明，绝大多数研究对象的 d 值在 0.01 水平上显著大于 0，表明研究对象内隐层面上存在显著的乐观偏差。

六 讨论

根据内隐联想测验原理，当概念词和属性词相容时，它们之间的联系比较紧密，且与个体的内隐态度比较一致，研究对象的辨别归类更多是一种自动化加工，反应速度快；相反，在不相容归类任务中，概念词和属性词的联系不紧密，或者与研究对象的内隐态度不一致，此时的辨别归类是一种相对复杂的意识加工，反应速度较慢、用时较长。研究者通过对个体在概念词和属性词自动化联系强度的测量，就可以得到个体在内隐认知层面上这二者的联系强度（蔡华俭，2003）。IAT 利用研究对象的快速反应，可以有效降低意识的控制作用，即使研究对象不愿意表露自己内心真实的想法，通过内隐联想测验也可以揭示其内隐态度和其他的自动化联想。研究结果显示，研究对象在相容归类任务上的反应时显著低于不相容归类任务，当研究对象把自我词与积极事件词归为一类（即相容归类任务判断）时，研究对象的反应时较短；而把自我词与消极事件词归为一类（即不相容归类任务判断）时，研究对象的反应时较长。d 值差异检验结果也表明，研究对象的 d 值在 0.01 水平上显著大于 0，这表明研究对象存在显著的内隐乐观偏差。也就是说，研究对象会自动化、无意识地倾向于把自我词和积极事件词归为一类，表现为自我词与积极事件词的联系更紧密，研究对象的反应时更短；研究对象都倾向于把他人词和消极事件词归为一类，表现为他人词与消极事件词的联系更紧密，研究对象的反应时较短。这就表明，研究对象倾向于自动化、无意识地将自我与积极事件联系在一起，而将他人与消极事件联系在一起。也就是说，乐观偏差不仅是研究对象有意识的反应，在一定程度上，个体也会无意识地认为积极事件更可能与自己有关，而消极事件更可能与他人有关。

第三节 乐观偏差的内隐测量：来自 GNAT 的证据

作为一种新的研究方法，内隐联想测验（IAT）也需要不断发展和完善。例如，由于对反应时指标的计时精确到毫秒，测验容易受到情境的影响，而实验情境可能有人为无法完全控制的因素；另外，测验结果会受到练习效应的影响，对于测验中出现的错误反应和极端值处理以及测验的计分程序等，都需要进一步探讨和完善。内隐联想测验依赖于两个互相竞争的目标，这两个目标的数据不能分开分析，对内隐态度测量的结果推断形成了局限。另外，IAT 采用反应时作为测量指标，可能导致丧失错误率所包含的信息。针对 IAT 的不足，诺塞克等人（Nosek et al., 2001）在 IAT 的基础上提出了 GNAT（The Go/No-go Association Test）。GNAT 吸收了信号检测论的思想，可以克服 IAT 采用反应时作为测量指标的局限。通常，对于以个体反应时为测量指标的心理学实验，个体的总体反应精确性会随反应速度加快而降低。所以，速度与精确性的平衡是研究者要注意的。采用信号检测论中的辨别力指数 d' 作为测量指标，通过对不同任务中辨别力的比较，可以有效反映个体记忆中的类别概念与不同评价的关联强度大小，也关注速度与准确性的配合关系。在内隐社会认知的同一研究中采用多种方法，可以相互补充和验证，可以得出更有效更令人信服的结论。因此，研究思路二接下来采用 GNAT 范式进一步在内隐层面上对乐观偏差进行考察，且可以与 IAT 的研究结果进行相互验证。

一 研究对象

本节的研究对象为 45 名在校大学生，其中男生 22 人，女生 23 人，平均年龄 21.29±1.26 岁。所有研究对象自愿有偿参加本研究，且均能熟练操作电脑，视力或矫正视力正常，右利手，无色盲或色弱，以前均未参加过类似研究。

二 实验设计

实验 2 采用 2（目标：自己 vs. 他人）×2（效价：积极 vs. 消极）被试内设计，测量指标是研究对象的辨别力指数 d'。

三 实验材料

采用的实验材料同上文实验 1 的内隐联想测验（IAT）。

四 实验程序

本实验采用 E-prime2.0 编写 GNAT 实验程序，在电脑上进行。本实验依据诺塞克和巴纳吉的标准 GNAT 实验程序设计，并进行了修改汉化。在 GNAT 实验中，研究对象不需要对噪音刺激作出反应，所以需要对刺激呈现间隔进行控制。诺塞克和巴纳吉（Nosek & Banaji，2001）认为，刺激呈现间隔最适宜的时间在 600 毫秒至 850 毫秒，本实验选取 750 毫秒为时间间隔。实验程序包括练习和测试各 4 个，具体实验程序见表 3。在练习任务中，研究对象要分别把自我词、他人词、积极事件词和消极事件词作

为目标进行判断并按空格键进行反应。每个任务都需要练习 14
次，顺序随机。在 4 个测试任务中，每个测试任务都有 64 个试次
（trial），其中信号刺激和噪音刺激对半。信号刺激（即目标词）
和噪音刺激分别有 32 个试次，由 8 个事件词和 8 个人物词（重复
8 次）组成，共有 64 个试次，信噪比为 1∶1，测试任务顺序也
是随机的。研究对象在 4 个测试任务中需要作出的反应分别是：
把自我词和积极事件词作为目标词并按空格键进行反应，对其他
词不作反应；把自我词和消极事件词作为目标词并按空格键进行
反应，对其他词不作反应；把他人词和积极事件词作为目标词并
按空格键反应，对其他词不作反应；把他人词和消极事件词作为
目标词并按空格键反应，对其他词不作反应。词语在测试任务中
是随机出现的，如果研究对象没有作出反应，词语在 750 毫秒后
会消失。实验过程中屏幕中央会给研究对象作出正确或错误的反
馈，研究对象的反应时和正确率由电脑自动进行记录。

表 3　GNAT 程序示意

组块	试次	功能	目标词			
			积极事件词	消极事件词	人物词	
					自己	他人
1	14	练习	▲			
2	14	练习		▲		
3	14	练习			▲	
4	14	练习				▲
5	64	测试	▲		▲	
6	64	测试		▲	▲	
7	64	测试	▲			▲
8	64	测试		▲		▲

▲表示实验中需要研究对象进行反应的词。

与标准 GNAT 实验范式一样，将正确的反应（Go）作为击中率，将不正确的反应（No-Go）作为虚报率。计算研究对象在每个任务上的击中率、虚报率，然后转换成 Z 分数，二者的差值为辨别力指数 d'，即 GNAT 的指标。辨别力指数 d' 表示研究对象从噪音中分辨出信号的能力，如果 d' 大于 0，则说明研究对象能够从噪音中辨别出信号。

五　研究结果

本节对 4 个测试任务中的辨别力指数进行人物词（自我、他人）和事件效价（积极和消极）的二因素重复测量方差分析。结果表明，人物词的主效应显著 $[F(1, 44) = 19.65, p < 0.01]$，效价的主效应显著 $[F(1, 44) = 32.50, p < 0.01]$，人物词×效价的交互效应也显著 $[F(1, 44) = 33.45, p < 0.01]$。在方差分析结果中，如果因子间的交互效应达到了显著，需要进行简单效应检验，以分别考察其在其他变量不同水平上的变化情况。因此，本节进行了人物词和事件效价的简单效应检验。

简单效应分析的结果表明，在自我词条件下，研究对象对与自我词联结在一起的积极事件词的辨别力指数（$M = 2.09$，$SD = 0.24$）要显著高于与消极事件词联结在一起的辨别力指数 $[M = 1.35, SD = 0.64, t(44) = 3.23, p < 0.01]$；在他人词条件下，与他人词联结在一起的积极事件的辨别力指数（$M = 1.79$，$SD = 0.67$）显著低于与消极事件联结在一起的辨别力指数（$MD = 2.11$，$SD = 0.29$，$t(44) = -6.60$，$p < 0.01$）（见图 2）。

六　讨论和小结

以信号检测论中的辨别力指数作为指标，关注反应速度与反应准确性的平衡关系，这是 GNAT 的优势。本节采用 GNAT 范式

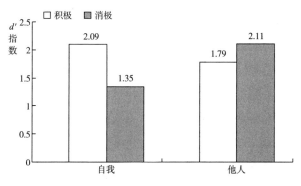

图 2　GNAT 任务中的 d' 指数

再次验证了个体在内隐层面上仍然存在乐观偏差。研究结果表明，自我词与积极事件词的联结显著高于他人词与积极事件词的联结，他人词与消极事件词的联结显著高于自我词与消极事件词的联结。另外，自我词与积极事件词的联结也显著高于自我词与消极事件词的联结，他人词与消极事件词的联结显著高于他人词与积极事件词的联结。由此可以推论，自我与积极事件有较强的内隐联系，他人与消极事件有较强的内隐联系。人们可能自动倾向于将自我与积极事件联系在一起，而将他人与消极事件联系在一起，说明研究对象在内隐层面上依然存在乐观偏差。GNAT 实验的结果也表明，乐观偏差现象具有自动化无意识等内隐特点。

实验 1 和实验 2 分别采用 IAT 和 GNAT 两种内隐研究范式在内隐层面上考察了乐观偏差。两个实验结果共同表明，乐观偏差具有自动化无意识的内隐特点，假设 2 得到证实。

第五章 人格因素对乐观偏差的影响

第一节 人格概述

人格"personality"一词，最初源于古希腊语"persona"，这个单词本身是指希腊戏剧中演员戴的面具。演员所戴的面具会随着戏剧中人物角色的不同而变换，用面具表现戏剧中角色的特点和人物性格，我国京剧中的脸谱也有相同的功能。心理学借用了人格中蕴含的面具的含义，称之为"人格"。心理学的人格包含了两层含义。一是个体在人生舞台上表现出来的各种言行举止，需要遵循社会文化习俗作出相应的反应。就像演员在舞台上根据角色要求所戴的面具一样，是人格所具有的"外壳"，体现的是个体外在的人格品质。二是个体由于某些原因不愿展现给其他人的人格成分，即面具之后的真实自我，这是人格的内在特征。每个人都有自己独特的思考、行为模式以及情感表达方式。简言之，每个人都有独特的人格。一个人过去是什么样的人，现在和将来还是什么样的人，这种一贯性就是由其人格决定的。

关于人格的含义，迄今为止，由于心理学家各自的研究取向不同，他们对人格持有不同的观点。但心理学家认为，人格具有以下几个本质特征。

第一，人格具有独特性。一个人的人格是在遗传、成长和环境、教育等各种先天和后天因素的交互作用下形成的。不同的遗传、生存及教育环境，形成了每个人独特的心理特点，世界上没有完全一样的人格特点。所谓"人心不同，各如其面"，就反映了人格是千差万别、千姿百态的，即人格的独特性。

第二，人格具有稳定性。个体在行为中偶然出现的、一时性的心理特性，不是人格，而个体在不同场合表现出来的一贯特点，才是人格。俗话说，"江山易改，禀性难移"，其中的禀性指的就是人格，反映了人格的稳定性。但是，人格的稳定性并不意味着它在人的一生中一成不变，随着生理的成熟和环境的改变，人格也可能发生或多或少的变化。

第三，人格具有统合性。人格是由多因素构成的一个有机整体，具有内在一致性，受自我意识的调控。人格的统合性是衡量个体心理健康状况的一个重要指标。人格健康的个体就是其人格结构的各部分彼此和谐一致，否则个体就会出现适应困难，甚至出现"人格分裂"。

第四，人格具有功能性。个体的人格特质在一定程度上会影响其生活方式，甚至会决定某些个体的命运，可以说是人生成败的根源之一。例如，当遇到困难挫折时，坚毅的个体能够奋发图强，不断拼搏，而怯懦者则会唉声叹气、一蹶不振。这种面对困难挫折的不同表现，就反映了人格的功能性。

由于人格是一个多因素构成的复杂系统，它包括多种因素，其中最主要的有气质、性格、自我调控等。以往有关乐观偏差的研究表明，个体的某些人格因素（例如，自我效能、自信、气质性乐观等）会对乐观偏差有所影响。因此，本章主要考察气质性乐观、一般自我效能感这两个人格因素对乐观偏差的影响。具体而言，研究思路三有两个基本假设。

假设 3a：气质性乐观影响乐观偏差，乐观者的乐观偏差显著高于悲观者。

假设 3b：一般自我效能感影响乐观偏差，高一般自我效能感的个体表现出更大程度的乐观偏差。

第二节　气质性乐观对乐观偏差的影响

一　气质性乐观

随着积极心理学的兴起，乐观逐渐引起了学者们的关注。乐观是一种人格特质，这一特质的核心是个体对未来事件的积极期望，具有这一特质的个体相信好事情更有可能发生，表现出一种积极的解释风格。

谢尔和卡弗（Scheier & Carver）在传统的期望—价值理论基础上，根据行为的自我调节控制模型等提出了气质性乐观的概念，认为乐观是人们在相似的行为情境中形成的一种类化期望，乐观指个体总体上对积极结果的期望，并且乐观是一种稳定的人格特质。这种人格特质是单维的双极连续谱，在这个连续谱区间人们被视为沿着一个连续体排成一列，其中一极是乐观，另一极是悲观。由于气质性乐观和自我调节行为有关联，当个体遇到困难时，选择相信自己可以达到目标寻求更多社会支持从而采取积极行为，则他/她就是乐观的；反之，如果个体面对困难时，更多关注压力和困难从而逃避或者放弃，则他/她就是悲观的。大量研究结果表明，气质性乐观是心理健康的主要保护因素之一。国外对乐观及其作为减轻压力资源的元分析结果表明，气质性乐观与生活满意度、幸福感和身心健康呈正相关，与抑郁和焦虑呈负相关（Alacorn，Bowling & Khazon，2013）。同样，国内学者对青少年气质性乐观与心理健康的元分析结果表明，气质性乐观与心理健康的积极指标呈正相关，与心理健康的消极指标呈负相关（周宗奎等，2015）。总之，对气质性乐观的研究表明，乐观的人相信好事情比坏事情更有可能发生，且气质性乐观是个体能够积极应对压力情境的一个有效预测指标。

二　气质性乐观的测量

谢尔等人根据气质性乐观的定义，编制了相关的测量工具——生活定向测验（The Life Orientation Test，LOT）。该量表共有 8 道题目，包括 4 个正向描述（如我对自己的未来很乐观）和 4 个负向描述（如我很少认为幸运的事情会发生在我身上）。该量表属于自我报告法，采用李克特量表 5 点评分标准，先把负向描述的题目反向计分，然后将所有的题目分数相加得出总分，总分越高，表示个体越乐观。大量研究结果证实，该量表具有很好的信度、结构效度、聚合效度和区分效度。但后来有研究者质疑 LOT 中的两个题目直接反映的是人们的应对策略（例如，我经常看到事情积极的一面），而不是对未来好结果的期望，这两个有争议的题目可能使乐观和积极应对策略的相关性增大。为解决这个问题，谢尔等人于 1994 年修订了 LOT，把这两个题目和一个负向题目（事情从不朝我想的方向发展）删除，又增加了一个正向题目（总体上说，我更期望好的事情发生在我身上）。修订后的量表（LOT-R）共 6 个题目，也具有良好的信效度，并且 LOT 和 LOT-R 的相关系数为 0.90。因此，后来研究者更多采用 LOT-R 来测量个体的气质性乐观。

三　气质性乐观对乐观偏差的影响研究

（一）研究对象

本节的研究对象为 547 名在校大学生，其中男生 315 名，女生 232 名，平均年龄 21.00±1.29 岁。

（二）研究工具

研究工具有两个，研究工具一为"生活事件量表"，研究工具二为"生活定向问卷修订版（LOT-R）"。该量表评估研究对象对积极结果和消极结果的一般化期望（积极、消极各 3 个题项），目的是考察研究对象的气质性乐观情况。量表采用五点评分，1 代表非常不同意，2 代表不同意，3 代表不确定，4 代表同意，5 代表非常同意。让研究对象根据与自己实际生活的接近程度进行评估。

（三）研究结果

本节主要考察气质性乐观是否对乐观偏差产生影响。考察研究对象的气质性乐观采用的是 LOT-R 量表，该量表既可以测量研究对象的乐观倾向，也可以测量研究对象的悲观倾向。根据计分标准，先分别计算研究对象的乐观倾向得分和悲观倾向得分。为探讨 LOT-R 量表是否测量到了乐观倾向和悲观倾向维度，对研究对象的乐观倾向得分和悲观倾向得分进行配对样本 T 检验，检验结果表明，二者的相关系数很低，仅有 -0.19，并且二者在 0.01 水平上存在极其显著的差异（$t = 45.56$，$p < 0.01$）。为进一步考察乐观和悲观人格特质对乐观偏差的影响，本节借鉴我国学者陶沙（2006）对研究对象 LOT-R 得分的分类方法，将研究对象区分为明显乐观倾向组和明显悲观倾向组。分组步骤如下：先将每个研究对象的乐观倾向和悲观倾向得分转化为 z 分数，然后以 0 为界线，将研究对象的乐观倾向和悲观倾向得分与 0 进行比较，并据此分类。如果研究对象在乐观倾向上的 z 分数大于 0，同时在悲观倾向上的 z 分数小于 0，研究对象就被归入乐观组；如果

研究对象在悲观倾向上的 z 分数大于 0，同时在乐观倾向上的 z 分数小于 0，则把研究对象归入悲观组。分类分析的结果显示，在 547 个研究对象中，分别有 24.31%（133 个）的研究对象属于明显乐观组，有 31.26%（171 个）的研究对象归为明显悲观组。乐观组和悲观组对 12 个积极事件和 12 个消极事件可能性判断的描述性统计分析结果见图 1。

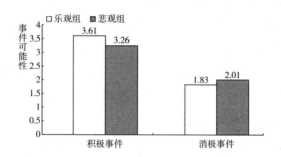

图 1　乐观组/悲观组的积极/消极事件可能性判断指标

从图 1 可以看出，悲观组和乐观组对积极事件的可能性判断都大于 3，都表现出一定程度的乐观偏差，但乐观组对积极事件的可能性判断分数高于悲观组，表现出更大程度的乐观偏差；反之，两组对消极事件的可能性判断都小于 3，也表现出一定程度的乐观偏差，但悲观组对消极事件的可能性判断大于乐观组。也就是说，乐观组在消极事件上的乐观偏差程度仍然高于悲观组。为考察乐观组与悲观组的乐观偏差是否存在显著差异，我们进行了 2（事件性质：积极 vs. 消极）×2（组别：乐观 vs. 悲观）的方差分析。方差分析结果表明：事件性质的主效应显著 $[F_{(1,302)} = 895.30，p < 0.01]$，组别的主效应边缘显著 $[F_{(1,302)} = 3.59，p = 0.059]$，事件性质和组别的交互效应也显著 $[F_{(1,302)} = 26.64，p < 0.01]$。进一步简化效应分析的结果表明，乐观组的研究对象在积极事件上的乐观偏差程度显著高于悲观组 $[F_{(1,302)} = 36.43，$

$p<0.01$];同时，乐观组的研究对象在消极事件上的乐观偏差程度也显著高于悲观组 $[F_{(1,302)}=5.03，p<0.05]$。

（四）讨论和分析

本节主要的研究目的是考察气质性乐观这个人格因素对乐观偏差的影响。首先根据大学生的生活事件定向问卷得分把研究对象分为乐观倾向组和悲观倾向组。结果发现：气质性乐观对乐观偏差有显著影响，乐观者比悲观者倾向于认为积极事件发生在自己身上的可能性要高于一般大学生，同时认为消极事件发生在自己身上的可能性要低于一般大学生，并且二者有显著差异，即乐观者比悲观者表现出了更大程度的乐观偏差，这就表明气质性乐观的确对乐观偏差产生影响。

通常人们认为，乐观者会通过"玫瑰色眼镜"乐观地看待自己的将来和周围的世界，而悲观者会通过"灰色眼镜"悲观地看待自己的将来和周围的世界。本节的研究结果表明，无论是乐观者还是悲观者都存在一定程度的乐观偏差。这可能是因为，虽然悲观者相对于乐观者而言更容易看到事情消极的一面，但在内心深处，每个人都不希望不好的事情发生在自己身上，因为消极事件总会给人们带来焦虑恐惧等情绪，为降低消极事件给自己造成的焦虑，让自己更安心，悲观者也会希望消极事件更可能发生在他人而非自己身上，从而也表现出一定程度的乐观偏差。这个结果也在一定程度上表明，乐观偏差的动机机制尤其是自我保护动机有很强的作用，乐观者和悲观者出于自我保护动机，都会作出消极事件更不可能发生在自己身上的判断。这与以往的研究结果也是一致的，以往的研究表明，气质性乐观与自我风险评估的乐观偏差呈负相关（Harris，Griffin，& Murray，2008）。

本节的研究结果表明，气质性乐观影响个体的乐观偏差。进一步分析表明，虽然乐观组和悲观组都表现出一定程度的乐观偏差，但与悲观组相比，乐观组更倾向于认为积极事件发生在自己身上的可能性要高于一般大学生，而消极事件发生在自己身上的可能性要低于一般大学生，表现出更大程度的乐观偏差，并且两组的乐观偏差有显著差异。假设 3a 得到证实。

第三节　自我效能感对乐观偏差的影响

一　自我效能感的概念

自我效能感（self-efficacy）是社会认知理论的核心概念。社会认知理论假设行为、认知和环境都以动态方式相互影响（Bandura，1977）。自我效能感这个概念最早由班杜拉（Bandura）在其著作中提出，他将自我效能感定义为一个人对自己完成特定任务的能力的自我信念。后来，伍德和班杜拉又将自我效能感界定为个体对自己有能力调动动机认知资源并满足特定情境需求的自信程度。因此，自我效能感并不等同于能力本身，而是对自身效能的信念。人们对自身效能的信念影响着他们的选择和抱负，如他们在某一特定任务中付出了多少努力，以及他们在面对困难和挫折时坚持了多久（Bandura，1991）。维基欧和阿佩尔鲍姆（Vecchio & Appelbaum，1995）认为，自我效能感是权衡、整合和评估个人能力信息后的结果，而这一结果反过来又决定人们的选择以及对给定任务付出的努力大小。

后来，班杜拉将自我效能感进一步划分为一般自我效能感（General Self-Efficacy，GSE）和特定自我效能感（Special Self-Efficacy，SSE）。希尔等人（Shere, et al., 1982）、蒂普顿和沃辛顿（Tipton & Worthington，1984）、里格斯等人（Riggs, et al.,

1994）、艾登和朱克（Eden & Zuk，1995）均认为一般自我效能感是一种人格特质，是个体在不同环境中对完成任务和克服障碍的一种自信程度。德国心理学家施瓦尔泽（Schwarzer，1992）将一般自我效能感定义为个体在不同环境条件下一种整体的自信心，是一种概括化的自我效能信念。

综上所述，一般自我效能感的定义主要包括三点。第一，一般自我效能感不是一种实际存在的技能，而是个体的一种主观感受，即个体在不同环境下完成特定任务的自信程度。第二，一般自我效能感产生于个体的行为活动前。第三，一般自我效能感和特定自我效能感是不同的，特定自我效能感是针对特定的领域，如学习自我效能感、职业自我效能感等，而一般自我效能感不是针对特定领域的，更具有普遍意义。

二　自我效能感的影响因素

伍德和班杜拉（1989）阐述了自我效能感的四大来源，按照重要程度排列分别是：直接亲历经验（enactive mastery experience）、间接替代经验（vicarious experience）、社会说服（social persuasion）和情绪唤醒（psychological arousal）。这些来源即为自我效能感的影响因素。

班杜拉认为，个体以往的直接亲历经验是自我效能感最重要的来源之一。通常，个体过去的成功经验可以增强其自我效能信念。当一个人能够坚持努力并成功克服具有挑战性的障碍有了成功体验，就会产生一种有弹性的自我效能感，再次遇到挫折和困难时不会轻易丧失信心、放弃努力，能够努力达到目标，从而进一步强化了成功体验、增强了自我效能感。相反，当个体反复经历挫败就容易降低自我效能感，在面对困难挫折时更容易气馁。

自我效能感的第二个重要来源是间接替代经验，它主要源自个体对所处环境中他人经历的参考。个体通过观察身边他人执行任务、实现目标的过程及结果，并进行社会比较，将他人的经历作为自己成功可能性判断的依据。通常，积极的替代经验可以增强个体的自我效能感，还可以使个体相信只要自己努力克服困难，也能像他人一样取得成功。另外，当观察对象的情况与个体越相似、越接近时，这种身边他人经历的参照效果对个体的自我效能感影响越大。

社会说服是自我效能感的第三个影响因素，它虽然没有前两个因素影响力大，但也是自我效能感的一个重要来源。社会说服是身边他人通过口头言语方式来鼓励个体，增强个体的自信心，使个体产生更高水平的自信从而能够充分调动自身潜能以执行任务、达成目标。通常，社会说服是一种广泛存在的形式，操作简单易行，在一定程度上有助于个体提高自我效能感。但是需要注意，如果社会说服让个体产生了不切实际的期望，反而会导致个体难以达成目标，且在面对失败时会有更大程度的挫败感，从而降低个体的自我效能感。

自我效能感的最后一个影响因素是情绪唤醒，是指个体由于情绪唤醒而产生的对自身生理状态的感知。心理学研究表明，不同状态下的情绪唤醒会影响认知判断，即影响个体对自我效能的判断。当个体处于恐惧、紧张、焦虑或抑郁情绪状态时，由这些消极情绪所产生的生理感知会导致个体认为自己无法完成所面临的任务，产生较低的自我效能感。另外，当个体感到疲劳或疼痛时，这种情绪唤醒会对消耗体力任务的个体自我效能判断产生消极影响。因此，减轻压力、保持健康的身体以及积极的情绪可以提高个体的自我效能感。

三 自我效能感的功能

自我效能感无处不在地影响人们的行为选择，如工作努力程度、对失败和困难的态度，应对压力情境、目标设置的高低等。班杜拉（1991）认为，自我效能感的功能主要在于，它是一个可靠的预测因素，自我效能感可以预测个体执行任务时的动机程度和任务完成情况。

以往有关自我效能感的研究表明，高自我效能感的个体比低自我效能感的个体面对任务时会持有更正向的态度、具有更强的动机、采取更积极的行为（Bandura，1997a）。同时，高自我效能感的个体对自身具备能力的信念越强，在执行任务时付出的努力就越大，也越有持续性（Bandura，1988b；Peake & Cervone，1989）。在面对困难时，低自我效能感的个体容易对自身能力产生怀疑，从而降低努力程度，或者过早放弃努力。相反，那些高自我效能感的个体对自身能力有较强信心，他们面对困难和挑战时愿意付出更大的努力（Bandura，1983）。另外，研究者还发现，高自我效能感的个体能够更好地解决问题（Bouffard-Bouchard et al.，1991）、更能坚持锻炼（Desharnais et al.，1986）。同样，高自我效能感的个体在社会活动中表现为更高水平的自信，可以促进个体活动开展过程中发挥功能，提升绩效水平。另外，不同程度的自我效能感还会影响个体对所处环境的判断，并进一步影响个体的相关感受。例如，奥泽尔和班杜拉（Ozer & Bandura，1990）在研究中指出，高自我效能感的个体相信自己能够控制环境中的潜在威胁，因而不会被这些威胁所困扰及产生忧虑。相反，低自我效能感的个体倾向于将注意力投向自身的能力不足，把许多环境因素视为威胁，认为自己无法处理环境中的潜在威胁，受这些潜在威胁的干扰从而产生较大的压力。

四　自我效能感的测量

根据自我效能感的概念，自我效能感不是个体直接对自己某方面能力的评估，而是对某些特定活动自己能够做到什么程度的评估。因此，班杜拉（1997）在传统的自我效能感测量方法中指出，自我效能感的三个维度——量度（magnitude）、强度（strength）、广度（generality），其中前两个必须被测量。所谓量度，就是要求被试回答能够完成任务到某种量度水平，而强度就是让被试接着回答对上一问题回答的自信程度。20世纪90年代中期以后，随着心理测量技术的发展以及自我效能感理论的深入，研究者们发现，使用李克特量表测量自我效能感同样有效且操作更方便，也更便于进一步的研究分析。因此，现在李克特量表在自我效能感研究中被普遍采用。

自我效能感通常被认为具有领域特异性，也就是说，个体在不同领域有不同的自我效能感。因此，基于自我效能感的特质论观点，针对不同的研究领域和研究对象，研究者又提出、开发了集体效能感、职业自我效能感（Rigotti et al., 2008）、创新自我效能感（Tierney & Farmer, 2002）、管理自我效能感等一系列效能感的概念和测量方式。但是，艾登（1988）提出，效能感具有普遍性，即存在一种一般自我效能感（General Self-Efficacy, GSE）。近年来，国内外学者针对一般自我效能感的研究日益丰富、趋于成熟，并且编制出测量一般自我效能感的成熟量表。例如，科普尔（Copple, 1980）编制的单维度一般自我效能感量表，包括22个题项，采用李克特量表五点计分法，主要测量个体能否按预期有效完成行为任务。耶路撒冷和施瓦尔泽（Jerusalem & Schwarzer, 1981）编制的单维度量表（GSES），主要用于测量个体在不同环境下能否有效地完成各种任务的自信程度。该量表由

10 个题项组成，使用李克特量表 4 点计分法，具有良好的信度和效度。希尔和马达克斯等（Shere & Maddux et al., 1982）编制的二维度一般自我效能感量表，用于测量大学生在某一随机环境中的自我期望值，该量表包括自我效能感和社会自我效能感两个维度。其中自我效能感维度包括 17 个题项，社会自我效能感维度包括 6 个题项，共 23 个题项，采用李克特量表 14 点计分法，同样有较好的信度和效度。国内研究者最常使用的是张建新和施瓦尔泽（Zhang & Schwarzer, 1995）修订的一般自我效能感量表（General Self-Efficacy Scale, GSES），共 10 个题项，具有较好的信效度，被广泛应用于相关研究。

五 自我效能感对乐观偏差的影响

人格是一个由多因素构成的复杂系统，其中最主要的包括气质、性格、自我调控等。根据以往有关乐观偏差的研究，个体的某些人格因素，如自我效能感会对乐观偏差产生影响，因为一般自我效能感可以对个体一般情况下的反应倾向作出普遍性的预测。本节考察的是大学生在一般情况下的反应倾向，因此，本节采用更为普遍的一般自我效能感作为衡量个体的指标。

（一）研究对象

本节的研究对象为 543 名在校大学生，其中男生 225 名，女生 318 名，平均年龄为 20.56±1.405 岁。

（二）研究工具

研究工具有两个，研究工具一为"生活事件量表"，研究工具二为张建新和施瓦尔泽修订的"一般自我效能感量表"（GSES）中文版，共 10 个题项，用于测量总体性的自我效能感，如"如果我尽力去做的话，我总是能够解决问题的"。采用李克特量表 4 点评分法，从"很不符合（1）"到"很符合（4）"。研究对象的所有题项得分相加即为其自我效能感总分，分数越高表明个体的自我效能感越强。该量表在国内被广泛应用于自我效能感研究，量表有较好的信效度。

（三）研究结果

描述性统计分析结果表明，这 543 名大学生的一般自我效能感总分为 24.22±5.04，一般自我效能感平均分为 2.42±0.50。这个结果表明，这些大学生的一般自我效能感总体属于中等水平。为进一步探讨一般自我效能感是否会对个体的乐观偏差产生影响，本节依据一般自我效能感高低分组的标准，对研究对象的一般自我效能感得分进行了升序排列，然后取前 27% 和后 27% 作为分组依据，得分在前 27% 的为低一般自我效能感组（简称为低分组），得分在后 27% 的为高一般自我效能感组（简称为高分组）。高分组和低分组对 12 个积极事件和 12 个消极事件可能性判断的描述性统计分析结果见图 2。

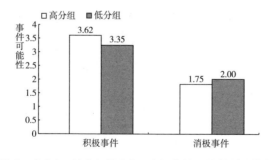

图 2 高分组/低分组的积极/消极事件可能性判断指标

从图 2 可以看出，低分组和高分组对积极事件的可能性判断都大于 3，均表现出一定程度的乐观偏差。但高分组对积极事件的可能性判断（3.62±0.70）高于低分组（3.35±0.46），表现出更高程度的乐观偏差。同时，两组对消极事件的可能性判断都小于3，也均表现出一定程度的乐观偏差。低分组对消极事件的可能性判断（2.00±0.47）高于高分组（1.75±0.76），高分组在消极事件上的乐观偏差程度仍然高于低分组。为进一步考察高一般自我效能感的研究对象与低自我效能感的研究对象在乐观偏差上是否存在显著差异，我们进行了独立样本 T 检验。结果表明：在积极事件上，高分组的乐观偏差程度在 0.01 水平上显著高于低分组（$t = -3.98$，$p < 0.01$）；同样，在消极事件上，高分组的乐观偏差程度在 0.05 水平上显著高于低分组（$t = 3.45$，$p < 0.01$）。这个结果说明，一般自我效能感的确会影响个体的乐观偏差程度，这与以往的研究结果是一致的（Klein，2010）。

（四）讨论和分析

本节得出以下两个结论。第一，无论是积极事件还是消极事件，一般自我效能感对个体的乐观偏差有显著影响。具体而言，不论是高自我效能感者还是低自我效能感者，在积极事件和消极事件上都表现出一定程度的乐观偏差。第二，自我效能感的高低对个体乐观偏差的影响具有显著差异。高一般自我效能感者比低一般自我效能感者更倾向于认为积极事件发生在自己身上的可能性要高于一般大学生，同时认为消极事件发生在自己身上的可能性要低于一般大学生，即高一般自我效能感者比低一般自我效能感者表现出更大程度的乐观偏差。这两个结果都表明，自我效能感是乐观偏差的一个影响因素。

一般自我效能感指的是个体对自己处理事务能力的信心程度的自我觉知。一个人的自我效能感越高，对个人能力的信念就越强，在执行任务或实现目标的过程中就更加努力，越有持久性。

反之，低自我效能感者在面对困难和挫折时，会怀疑自己的能力，惧怕困难并降低努力程度，甚至过早放弃努力。班杜拉（1991）提出，自我效能感无处不在地影响人们的行为选择，如目标选择、工作努力程度、失败和困难及压力应对态度等。更多的研究表明，高自我效能感的个体比低自我效能感的个体拥有更积极的态度、更大的动机以及更强的行动力（Bandura，1997）。高自我效能感者相信自己能够控制潜在的威胁和困难，不会过多忧虑，也不会被潜在的威胁和困难所困扰（Ozer & Bandura，1990）。反之，低自我效能感者倾向于将注意力投向自身的能力不足，并将许多环境因素视为威胁，会认为自己无法处理这些困难从而产生巨大的压力。也就是说，高自我效能感的个体在面对不确定情境时会认为自己有较高的控制能力，有更强的控制感，从而表现出较高的效能预期。本节研究结果表明，不论是高自我效能感者还是低自我效能感者，均表现出一定程度的乐观偏差，这个结果再次证明了乐观偏差的普遍性。根据乐观偏差的动机机制，从动机本质来看，人们得出不切实际的乐观结论源自人们愿意得出这样的结论，因为这样的结论会给人们带来心理安慰，让人觉得安心。如果个体承认自己比一般人更容易遭遇危险就会产生焦虑，为降低这种焦虑，人们会采取诸如否认、不接受危险存在等自我防御应对策略。因此，在面对消极事件时，由于不想面对消极事件可能造成的后果，人们会有意歪曲事件发生可能性的推断，如否认事件发生在自己身上的可能性。另外，认为自己更可能经历积极事件会让个体对自己持有积极的信念，可以维护或者增强自尊。这说明自我保护动机有很大作用，无论自我效能感水平高低，个体出于自我保护动机，都会作出消极事件更不可能发生在自己身上的判断。进一步分析表明，高自我效能感者比低自我效能感者表现出更大程度的乐观偏差，这与以往的研究结果是一致的。以往的研究表明,高自我效能感的个体在面对不确定情境时会认为自己有较高的控制能力,表现出较高的效能预期,从而产生更大程度的乐观偏差(Klein,2010)。假设 3b 得到证实。

综上所述,本章的研究结果表明,气质性乐观和一般自我效能感这两个人格因素均对个体的乐观偏差产生影响。

第六章 事件特征对乐观偏差的影响

自从温斯坦提出乐观偏差的概念并进行了相关研究，后续研究者多数在健康情境中对乐观偏差进行了探讨。例如，考察了人们在疾病、酗酒、药物滥用、饮食健康（Helweg-Larsen & Shepperd，2001；Hoorens & Buunk，1993；Klein & Weinstein，1997）等方面的乐观偏差状况。这些研究结果为健康相关政策制定、知识宣传提供了理论参考依据。

在健康情境中，研究者主要考察某些消极事件的特征（例如，事件的可控性、普遍性/特殊性、严重性等）对乐观偏差的影响，其中事件可控性和事件严重性两个特征对乐观偏差的影响得到较多关注。有的研究结果基本一致，有的研究结果却有差异。例如，有关事件可控性对乐观偏差的影响，多数研究得出的结论基本一致，即人们对事件的可控知觉越高，表现出的乐观偏差程度越大（Klein & Helweg-Larsen，2002；Menon，Kyung，& Agrawal，2009）。而有关事件严重性对乐观偏差的影响研究，得出的结论并不完全一致。众所周知，消极事件会给人们造成一定程度的焦虑或恐惧，这反过来会影响人们对事件发生可能性的判断。例如，那些严重事件或者有严重后果的事件会对个体产生更大程度的威胁并导致个体产生更高程度的焦虑。有的研究者发现，依据乐观偏差产生的动机解释，事件越严重，个体出于自我保护动机，为降低焦虑，更不愿意认同事情会发生在自己身上，因此会导致更大程度的乐观偏差（Gold，2008；Heine & Lehman，1995；Taylor & Shepperd，1998；Weinstein，1980，1982，1987）。然而，也有研究者认为，个体在面对严重事件时，会更加警觉，从而削弱了否认事件会发生在自己身上可能性的防御机制作用；另外，严重事件会降低个体对自己应付事件能力的估计，所以会表现出较低程度的乐观偏差（Harris，Griffin，& Murray，2008；Shepperd & Helweg-Larsen，2001）。但是，不管是事件可控性还是事件严重性对乐观偏差影响的研究，多数是一些相关研究，它们或者探讨了某一事件的某种事件特征与乐观偏差的关系，或者探讨了不同事件的某一特征与乐观偏差的关系。相关研究即使得出了事件特征与乐观偏差存在显著相关的结论，也不能作出因果推论，即说明事件特征对乐观偏差一定有影响。因此，赫尔维格—拉森等人建议研究者通过实验方法严格控制事件严重性，来考察其对乐观偏差的影响。

因此，研究思路四通过实验 3 和实验 4 两个实验分别考察两个事件特征（可控性和严重性）对乐观偏差的影响。另外，研究思路四还把研究对象扩展到大学生以外的青少年群体，把初中生和高中生也纳入研究对象范围，期望能在更广范围的学生样本中考察青少年群体在健康情境中的乐观偏差状况及事件特征对乐观偏差的影响，并对乐观偏差进行不同年龄段比较。具体而言，研究思路四有两个基本假设。假设 4a：事件可控性会影响乐观偏差，与低可控事件相比，高可控事件会导致更大程度的乐观偏差。假设 4b：事件严重性会影响乐观偏差，与严重事件相比，低严重事件会导致更大程度的乐观偏差。另外，研究思路四还比较了不同年龄段的乐观偏差状况。

第一节 事件可控性对乐观偏差的影响

一 研究对象

本节的研究对象包括初中、高中和大学三个年龄段学生，共计333名，其中初中生113人（男57人，女56人，平均年龄12.69±0.56岁），高中生94人（男57人，女37人，平均年龄17.49±0.79岁），大学生126人（男58人，女68人，平均年龄21.73±0.59岁）。

二 实验设计

本实验为2×3两因素被试间设计：第一个因素为事件可控性，有高可控和低可控两个水平；第二个因素为年龄，有初中、高中、大学三个水平。因变量为研究对象对事件发生在自己身上可能性的判断，如果研究对象的可能性判断大于4，则说明其表现出了一定程度的乐观偏差。

三 实验材料和程序

实验过程中委托中学生的各班班主任和大学生的专业老师以班级为单位进行集体施测。实验材料为一段关于胆固醇对健康产生影响的文字材料，阅读材料分为两种：一种材料给研究对象呈现胆固醇主要受先天遗传基因的影响（低可控条件），并且体内胆固醇含量过高会给研究对象的健康造成危害；另一种材料则呈现个体健康饮食和经常参加体育锻炼能够降低体内胆固醇的含量，从而降低对健康的危害（高可控条件）。在实验中，事件可控性的高低通过给研究对象呈现不同的材料内容将研究对象分为高/低可控组。众所周知，人类的遗传基因很难通过个体的行为加以改变，因此，阅读材料中呈现"胆固醇受个体先天遗传基因影响"的属于低可控条件组，材料中呈现"体内胆固醇含量可以通过个体后天的健康饮食和经常锻炼加以改变"的属于高可控条件组。为保证所有研究对象之前没有看到类似材料、确保实验材料的一致性以控制其他无关变量，实验中胆固醇用医学专有名词"5-胆烯-3-β-醇"来呈现，这样可以尽可能排除其他因素对实验的影响。研究对象阅读完材料后，即刻判断与其同年龄同性别的一般学生相比，自己40岁后患上胆固醇方面疾病的可能性。研究采用7点评分：1=极高于一般学生，2=高于一般学生，3=略高于一般学生，4=相同，5=略低于一般学生，6=低于一般学生，7=极低于一般学生。

四 研究结果

对各年龄段研究对象就高低可控事件的可能性判断进行描述性统计，结果见图1。可以看出各个年龄段的研究对象对高/低可控事件的可能性判断都大于4，都表现出了一定程度的乐观偏差。

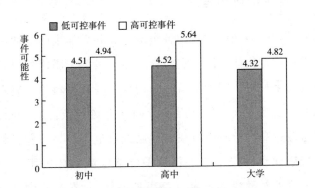

图1 高/低可控事件可能性判断情况

进一步对数据进行方差分析，结果表明，事件可控性的主效应显著 [F（1，327）= 20.93，$p<0.01$]，这说明事件可控性高低会对研究对象的乐观偏差产生显著影响，研究对象在高可控事件上的乐观偏差程度大于低可控事件的乐观偏差程度；年龄的主效应显著 [F（2，327）= 3.96，$p<0.05$]，每个年龄段的研究对象都表现出了明显的乐观偏差，但事件可控性与年龄的交互效应不显著 [F（2，327）= 2.01，$p>0.05$]。乐观偏差在不同年龄段上的事后多重比较结果表明，初中生和高中生的乐观偏差在 0.05 水平上差异显著，初中生和大学生的乐观偏差没有显著差异（$p>0.05$），高中生和大学生的乐观偏差在 0.05 水平上差异显著。其中高中生的乐观偏差程度最大，大学生的乐观偏差程度最小，初中生的乐观偏差程度居中。

五 讨论和结论

本节考察了各年龄段研究对象对高低可控事件的乐观偏差状况，进一步探讨事件可控性程度对乐观偏差的影响，并进行了年龄段比较。结果发现，各年龄段研究对象无论对低可控事件还是高可控事件，其可能性判断都显著大于 4，表现出明显的乐观偏差倾向。各年龄段研究对象都倾向于认为，与同年龄同性别的其他学生相比，自己将来更不可能患胆固醇方面的疾病。另外，方差分析结果表明，与低可控事件的乐观偏差相比，各年龄段研究对象在高可控事件上的乐观偏差程度更大，假设 4a 得到证实。这与以往有关事件可控性对乐观偏差影响的研究结果是一致的。以往的研究表明，事件可控性是影响乐观偏差的主要因素之一。无论是积极事件还是消极事件，只要事件被个体视为是可控的，可控性越高，研究对象的乐观偏差程度越大（Harris，1996；Harris，Griffin，& Murray，2008；Weinstein，1980，1982）。乐观偏差也存在年龄差异，高中生和大学生、初中生和高中生的乐观偏差在 0.05 水平上差异显著，而初中生和大学生的乐观偏差没有显著差异。总体来看，高中生的乐观偏差程度最大，大学生的乐观偏差程度最小，初中生居中。为什么高中生在各年龄段中表现出最大程度的乐观偏差？这可能与高中生所处的特殊阶段及其心理发展特点有关。许多有关青少年自我意识发展的相关研究表明，中学生自我意识的发展水平随着年级的增长而不断提高，高中阶段变化明显，高一到高二是重要转折期（高平，2001）。多数研究认为，青少年在初中后期到高一是自我意识（包括学生的自尊情感发展、独立意识等方面）迅速发展的时期，而从高三到大四这个阶段，除大三外，年级越高，自我概念越消极（程乐华、曾细花，2000；熊恋、凌辉、叶玲，2010）。综上可知，高中生的自我意识飞速发展，这个年龄段的青少年自尊心特别强，是他们自我意识中最敏感、最不容被冒犯的部分。根据产生乐观偏差的自我提升动机的解释，这个年龄段的青少年为维护自尊，在面对消极事件时，会更倾向于低估消极事件发生在自己身上的可能性，由此可以保持较高水平的自尊，因此，高中生的乐观偏差程度最大。对于大学生来说，他们的知识面相对中学生更加全面，思考问题也相对全面，其思维方式由形式逻辑为主向辩证逻辑为主转变，在与他人比较时，能够相对客观地看待自己。另外，相对中学生，大学生还要面对就业等问题，而目前大学生的就业形势不容乐观。以往的研究也提出，大学生的自我概念相对消极，这可能会导致大学生与其他年龄段的青少年相比，其乐观偏差程度最小。

事件可控性高低对个体乐观偏差的影响可以从产生乐观偏差的认知机制加以解释。从认知机制角度来说，个体产生乐观偏差可能受到自我中心主义或聚焦主义两方面的影响。自我中心主义是指，在进行比较判断时，人们更多地关注与自己有关的信息而较少关注与他人有关的信息。研究对象更多关注自我有关信息可能有两个方面的原因。一方面，个体通常拥有更多关于自己的信息，并且对自己更了解更自信，因此，在进行比较时，有关自己的信息更容易被提取出来或者自动本能地回忆起来。这也可以用可得性启发式来解释。根据可得性启发式，人们通常根据客体或事件在知觉或记忆中的可得性程度来评估其相对频率，容易知觉到的或回想的客体或事件被认为更常出现。这与认知—生态取样的观点也是一致的，认知—生态取样认为，从现实环境中的刺激分布来看，环境中信息的分布是不同的，并且环境中信息的可用性也不同。例如，个体对自我的信息了解更多，也更自信。众所周知，人们的信息提取有很强的选择性，人们更容易把注意力放在那些容易接触的方面，这种选择的结果会导致某些信息被忽视。因此，对于消极事件，研究对象会想到自己可以采取某些措施避免消极事件的发生，或者想到自己从未经历过某种消极事件，但会忽略他人可能与自己一样，也没有经历过类似的事件或会采取措施以避免消极事件的发生，所以会作出自己更不可能经历消极事件的判断。另一方面，在进行比较判断时，由于自我中心主义，人们会一开始就更多关注有关自己的信息，并以自己的信息作为参照来调整对事件的估计判断。这与锚定和调整启发式（anchoring and adjustment）的解释是一致的。锚定和调整启发式认为，在判断过程中，人们最初得到的信息会产生"锚定效应"，人们会以最初的信息为参照来调整对事件的估计。判断伊始人们就把与自己有关的信息当作了"锚"，并且不会充分调整考虑有关他人的信息，因此在判断时导致了乐观偏差（Chapman & Johnson，1999；Windschitl，Rose，Stalkfleet，& Smith，2008）。另外，本实验中研究对象产生的乐观偏差也可以用聚焦主义机制来解释。聚焦主义指人们全神贯注于和某个结果（焦点位置者）有关的信息而不充分考虑与其他可能结果（非焦点位置者）有关信息的倾向（Windschitl, Conybeare, & Krizan, 2008; Buehler, McFarland, & Cheung, 2005; Windschitl, Kruger, & Simms, 2003）。在本实验中，研究对象处于焦点位置，有关自己的信息更可能得到关注。所以，在实验中，研究对象既可能会受到自我中心主义的影响，也可能会受到聚焦主义的影响，表现出乐观偏差。

从产生乐观偏差的动机机制来看，人们面对消极事件时，会因为消极事件的不利后果产生焦虑，人们会采用否认等防御机制，认为消极事件更不可能发生在自己身上，从而可以缓解自己的焦虑，内心得到一种安慰。另外，研究对象认为消极事件更可能发生在他人而非自己身上，会让研究对象保持一种较高程度的自尊。这正是乐观偏差自我提升动机"阴"（自我保护）、"阳"（自我提高）两个方面的表现。

因此，实验 3 得出以下结论：与低可控事件相比，高可控事件会导致更大程度的乐观偏差。假设 4a 得到证实。

第二节　事件严重性对乐观偏差的影响

一　研究对象

本节的研究对象包括初中生、高中生和大学生三个年龄段，其中初中生 107 人（男 53 人，女 54 人，平均年龄 12.71±0.63 岁）、高中生 113 人（男 53 人，女 60 人，平均年龄 17.18±0.66 岁）、大学生 113 人（男 51 人，女 62 人，平均年龄 21.73±0.59 岁）。

二　实验设计

本实验为 2×3 两因素被试间设计，其中第一个因素为事件严重性，有高低两个水平；第二个因素为年龄，有初中、高中、大学三个水平。因变量为研究对象对事件发生在自己身上可能性的判断，如果研究对象的可能性判断大于 4，则说明研究对象表现出了一定程度的乐观偏差。

三　实验材料和程序

以班级为单位进行集体施测，首先让研究对象阅读一段有关人体内同型半胱氨酸水平对个体今后患心脏病影响的文字材料。阅读材料分为两种，材料的不同体现在括号内斜体词的变化。材料描述为："个体年轻时有高水平的同型半胱氨酸会略微（特别）增加以后患心脏病的可能性，而绿叶蔬菜、豆类和柑橘类水果中的维生素和叶酸可以降低同型半胱氨酸的水平；不能充分摄取这些食物会略微（极大）增加以后患心脏病的可能性。"事件严重性程度高低通过给研究对象呈现不同的材料内容来操作。研究对象阅读完材料后，随即判断与同年龄同性别的一般学生相比，自己将来患心脏病的可能性。研究采用 7 点评分：1 = 极高于一般学生，2 = 高于一般学生，3 = 略高于一般学生，4 = 相同，5 = 略低于一般学生，6 = 低于一般学生，7 = 极低于一般学生。

四　研究结果

首先对各年级研究对象对高低严重事件的可能性判断进行描述性统计，结果见图 2。各年龄段研究对象对高低严重性事件的可能性判断都大于 4，表现出了一定程度的乐观偏差。

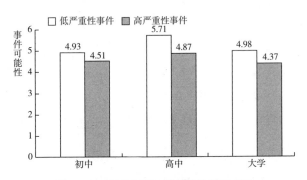

图 2　高/低严重性事件可能性判断指标

进一步对数据进行方差分析的结果表明：事件严重性的主效应显著 $[F(1, 327) = 21.08, p<0.01]$，这说明事件严重性程度高低会对研究对象的乐观偏差产生显著影响，研究对象对严重性程度高的事件的乐观偏差小于严重性程度低事件的乐观偏差；年龄的主效应显著 $[F(2, 327) = 8.64, p<0.01]$，各个年龄段研究对象都表现出了明显的乐观偏差；事件严重性程度与年龄的交互效应不显著 $[F(2, 327) = 0.77, p>0.05]$。对各年龄段研究对象乐观偏差的事后多重比较结果表明，初中生和高中生的乐观偏差在 0.01 水平上差异显著，初中生和大学生的乐观偏差没有显著差异（$p>0.05$），高中生和大学生的乐观偏差在 0.01 水平上差异显著。其中高中生的乐观偏差程度最大，大学生的乐观偏差程度最小，初中生的乐观偏差程度居中。

五　讨论和结论

分别以初中生、高中生和大学生为研究对象，考察各年龄段的乐观偏差状况，再进一步探讨严重性这个事件特征对乐观偏差的影响。结果发现，各年龄段研究对象无论是对严重性程度高的事件还是严重性程度低的事件，都表现出明显的乐观偏差倾向。

各年龄段研究对象都倾向于认为，与同年龄同性别的学生相比，自己将来更不可能患心脏病。方差分析结果表明，与严重性程度高的事件相比，各年龄段研究对象对严重性程度低的事件的乐观偏差更大。假设 4b 得到证实。另外，乐观偏差也存在年龄差异，初中生和高中生的乐观偏差在 0.01 水平上差异显著，高中生和大学生的乐观偏差在 0.01 水平上差异显著，但初中生和大学生的乐观偏差没有显著差异。总体来看，高中生的乐观偏差程度最大，大学生的乐观偏差程度最小，初中生居中。这与实验 3 的结果也是一致的。

以往有关事件严重性对乐观偏差影响的研究有两种不同的结论：一种结论是严重事件会导致个体产生更大程度的乐观偏差（Gold，2008；Heine & Lehman，1995；Taylor & Shepperd，1998；Weinstein，1980，1982），另一种观点是严重事件会降低个体的乐观偏差程度（Harris，Griffin，& Murray，2008；Shepperd & Helweg-Larsen，2001）。本节的研究结果支持了第二种观点，即研究对象对严重性程度低的事件的乐观偏差大于严重性程度高的事件。根据产生乐观偏差的动机机制，当个体对某一消极事件发生在自己身上的可能性进行判断时，出于自我保护动机，为降低消极事件不利后果给自己造成的焦虑或恐惧，会认为消极事件发生在自己身上的可能性低于一般他人，这种想法会让研究对象更有安全感。另外，人们倾向于认为，与别人相比，自己是独特的，对消极事件是有免疫力的。因此，在对消极事件发生在自己身上的可能性进行判断时，会作出偏离真实的乐观估计。在本节研究对象阅读的材料中，事件的严重性程度高低采用黑色加粗斜体字突出呈现，这样会让研究对象对严重性程度高的事件更加警觉。以往有研究认为，警觉会抑制个体动机机制作用，从而降低个体的乐观偏差程度（Harris，Griffin，& Murray，2008）。另外，严重事件或有严重后果的事件会导致个体对自己应付该事件的能力估计降低，从而导致乐观偏差程度也降低。因此，本节所有年龄段研究对象对严重性程度低的事件的乐观偏差大于严重性程度高的事件。本实验中研究对象产生乐观偏差的心理机制的解释同实验3，也可以从认知机制和动机机制两个方面解释。

根据实验4的结果，可以得出以下结论。

与严重性程度高的事件相比，严重性程度低的事件会导致更大程度的乐观偏差，假设4b得到证实。

因此，研究思路四的两个实验证明，事件可控性和事件严重性的确会对乐观偏差产生影响。

第七章　组织认同及测量方法对乐观偏差的影响

竞争不仅存在于人与人之间，也存在于组织之间。与人与人之间的竞争相比，组织之间的竞争与组织的目标或利益息息相关，组织在竞争中的成败胜负与组织成员的利益也是密切相关的。另外，组织之间的竞争结果可以反映组织的价值或地位，组织成员也能从组织的成功中体会到成就感并提高自尊。组织成员个人的价值和地位可以由其所在组织的价值和地位间接体现，所以，组织成员通常会对组织竞争持有一种积极的期望，即希望自己所属组织能在竞争中获胜。有研究表明，组织成员对自己所在组织的竞争成败预测依赖于成员对组织的认同水平，个体对所在组织越认同，越会期望组织在竞争中获胜（Babad，1987；Dolan & Holbrook，2001；Markman & Hirt，2002）。

第一节　社会认同及组织认同

一　社会认同

泰勒（Taylor，1911）、巴纳德（Barnard，1938）等学者很早就对类似认同的问题做过研究和阐述，但认同的概念是由福特（Foote，1951）正式提出的。他认为个体倾向于把自己归属于某个组织，这种自我分类会促使个体按照组织的利益行事

（Ashforth & Mael，1989）。凯尔曼（Kelman，1958）的研究进一步阐明了认同的心理基础：认同是在特定关系中进行的一种个人的自我定义，个体接受这种关系是因为个体希望与群体建立并维持一种满意的自我定义关系。社会认同理论（social identification theory）是由塔杰菲尔（Tajfel）和特纳（Turner）提出的，该理论认为，人们会通过寻求特定社会群体认同的方式来提高自尊水平。但是，自尊的增强只有在个体认为自己所认同的团体比其他团体优秀时才会发生。

社会认同理论包括三个主要概念，即分类、认同和比较。分类是指，如果个体知道自己或某人属于某个类别，就可以据此推论其他有关自己和他人的信息，并根据所属的群体规范采取适当行为。经过分类，可以使个体对自身更认同，以确认自己的身份及与自己所属群体的一致性关系。认同即个体认同自己所属的群体。在认同的基础上就可以进行比较，这种比较主要是不一致性的确认。通常个体在比较中以积极的方式评价自己所在的群体，会认为一些优秀品质是符合自己及自己所属群体的。因此，当个体对所属群体有强烈的认同时，会对自己所属的群体产生强烈的情感偏好，并给予自己的群体更高的评价。

二 组织认同

组织认同（organizational identification）的概念是由马什（March）和西蒙（Simon）于 1958 年在组织理论研究框架中明确提出的，它一直是组织理论的主要研究问题之一。组织认同的概念来源于认同的传统定义和社会认同理论，也是社会认同的一种具体表现形式，是个体以组织作为认同对象的认同形式（Ashforth & Mael，1989）。但是，由于研究出发点与角度不同，研究者对组织认同概念的界定存在不同观点。例如，帕琴（Patchen，1970）认为，组织认同主要有相似性（即成员感知到的与组织其他成员具有共同的目标和利益）、成员身份（即组织成员个人的自我概念与所在组织的连结程度）和忠诚（即成员对所在组织的支持）三个方面；切尼（Cheney，1983）更加明确地提出，组织认同是个人将自己与社会元素进行整合的一种动态过程；艾伯特和惠腾（Albert & Whetten，1985）把组织认同界定为，组织成员认为自己所在组织具有独特的、持久的、核心的特征；奥赖利和查特曼（O'Chatman & Reilly，1986）将组织认同定义为组织成员体验到的对组织的一种心理依附；阿什福德与梅尔（Ashforth & Male，1989）认为，组织认同是社会认同的一种特殊形式，它指的是组织成员感到与组织一致，或是一种归属于群体的知觉（Michael et al.，2005）。从组织认同的不同定义可以发现，这个概念的基本内涵是：个体对自己属于一个组织或者与一个组织命运与共关系的知觉和感受，是一个人用组织成员身份来定义自己的过程。另外，组织认同不仅是一种认知过程，也是一种认知结构，通过这种认知过程，组织目标和个人目标增强了一致性和适应性。组织认同过程常常也会激发个体的情感和行为反应。同时，组织认同又是一种心理认同，也是心理依赖的表现形式之一。当个体将组织特征的定义应用于自己的定义时，这种心理现象就发生了。此时，个体会倾向于将自身和自己所属的组织看成是一体的，优缺点、成功失败是共有的，个体和组织成为一个命运共同体（Ashforth，Harrison，& Corley，2008）。这种认知状态是个体对某个组织的心理认同，并且附有价值观和情感意义（Michael et al.，2005）。

三 研究设想及研究假设

已有研究表明，在运动比赛和政治选举领域，个体对自己喜爱或所属团队/组织的预测是过于乐观的。例如，巴巴德（Babad，1987）考察了1000多名足球迷的预测，发现93%的球迷预测其喜爱的球队会在比赛中获胜。另外，研究表明，对自己所属组织预测的乐观程度依赖于对组织的认同水平（Krizan & Windschitl，2007）。

虽然有少数研究结果表明，组织成员出于对组织的忠诚，导致其对组织在竞争中的表现产生不切实际的乐观预测，但这方面的研究都是在临时的虚拟群体中进行的。因此，研究思路五在以往有关研究的基础上，通过实验5，在班级这个真实的组织情境中考察组织认同及测量方法对乐观偏差的影响。我们认为，个体对自己所属组织的认同会影响研究对象对组织在竞争中表现进行预测的乐观偏差程度。另外，已有研究提出，对乐观偏差的测量方法不同会导致不同程度的乐观偏差。例如，有研究提出，直接比较法会比间接比较法导致更大程度的乐观偏差（Rose Windschitl & Suls，2008）；还有研究认为，当他人判断在自我判断之前时，会产生更大程度的乐观偏差；但也有研究认为，直接比较测量和间接比较测量是等价的测量方法（Price，Penlecost，& Volh，2002）。所以，研究思路五还要考察不同的测量方法是否会对乐观偏差产生影响。

具体而言，研究思路五有两个假设。

假设5a：组织认同会影响乐观偏差，启动研究对象的组织认同会导致更大程度的乐观偏差。

假设5b：直接比较测量和间接比较测量对乐观偏差有影响，直接比较测量比间接比较测量导致更大程度的乐观偏差。

第二节　组织认同及测量方法对
乐观偏差的影响

一　研究对象

本节的研究对象为在校大学生 156 名，其中男生 69 名，女生 87 名，平均年龄为 21.46±0.58 岁，自愿有偿参与本研究。

二　实验设计

本实验采用 2×2 两因素被试内设计。第一个因素为组织认同，分为启动组织认同和不启动组织认同两个水平；第二个因素为测量方法，有直接比较测量和间接比较测量两个水平。因变量是研究对象对自己所在班级赢得智力竞赛的可能性判断，如果研究对象的可能性判断大于 4，说明研究对象表现出一定程度的乐观偏差。研究对象随机分配到四种实验条件中。

三　实验材料和程序

以班级为单位进行集体施测。对于启动组的研究对象，通过让研究对象写下所在班级让自己感到骄傲之处的方式启动他们的组织认同，然后让研究对象阅读文字材料并进行判断；而不启动组的研究对象则直接阅读文字材料然后进行判断。实验材料为文字材料，在给研究对象呈现的文字材料中，告知研究对象本班将与外校同年级同专业的另外一个班进行一场智力竞赛。两种材料的不同体现在括号内斜体词的变化。在启动组，研究对象被告知，在智力竞赛中，"胜负的标准是统计每个班所有同学答对问题的总数，答对题目总数多的班级获胜"，以此强调班级的胜利依赖于每一个班级成员，将组织目标与个人目标紧密联系在一起，从而进一步强化研究对象的组织认同。而在非启动组，研究对象仅看见"答对题目总数多的班级获胜"的表述。

研究对象阅读完材料后，在直接比较测量组，让研究对象判断"与竞赛班相比，本班赢得这场智力竞赛的可能性是多少"；在间接比较测量组，研究对象要进行两次判断，首先判断"本班赢得这场智力竞赛的可能性是多少"，然后再判断"竞赛班赢得这场智力竞赛的可能性是多少"。两种测量都是 7 点评分：1＝极不可能，2＝不可能，3＝比较不可能，4＝相同，5＝比较可能，6＝可能，7＝极有可能。直接比较中，研究对象的可能性判断大于 4 就表明存在乐观偏差；而在间接比较中，研究对象对自己班级获胜的可能性判断减去研究对象对竞赛班获胜的可能性判断，差异数值作为乐观偏差的指标，如果差异数大于 0，就表明研究对象存在乐观偏差。

四 研究结果

对研究对象在四种实验条件下的可能性判断进行描述性统计，结果见图 1。从图中可以看出，在间接比较测量条件下，启动或不启动组织认同，研究对象的可能性判断都大于 0；在直接比较测量条件下，启动或不启动组织认同，研究对象的可能性判断显著大于 4，说明在四种实验条件下，研究对象都产生了一定程度的乐观偏差。

本节采用方差分析来比较研究对象在四种实验条件下的乐观偏差情况。将直接比较实验条件下的可能性判断减去 4，以便进行比较。因为直接比较实际上是将研究对象的可能性判断与 4 这个值进行比较，如果大于 4 则说明存在乐观偏差。而间接比较是将研究对象的两次可能性判断相减作为乐观偏差存在与否的指标。直接比较是对乐观偏差的一种绝对度量，而间接比较是对乐观偏差的一种相对度量。将直接比较条件下的可能性判断减去 4，就将直接比较条

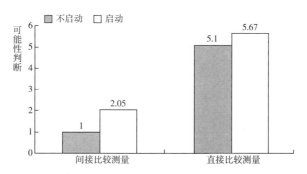

图1　各种实验条件下可能性判断

件下的乐观偏差转换为对乐观偏差的相对度量，都表明了研究对象
乐观偏差的相对程度，这样才可以作进一步比较。

　　方差分析的结果表明，启动类型主效应显著 $[F(1, 152)$ = 15.99, $p<0.01]$，比较测量类型主效应不显著 $[F(1, 152)$ = 0.17, $p>0.05]$，启动类型和比较测量类型二者的交互作用不显著 $[F(1, 152) = 0.93, p>0.05]$。

　　对启动类型和比较测量类型四种条件下可能性判断的独立样本 t 检验的结果也表明，启动与不启动条件下的可能性判断存在极其显著的差异；而直接比较测量和间接比较测量条件下的可能性判断没有显著差异。检验结果见表1。

表1　不同实验条件下可能性判断独立样本 t 检验结果

类型	可能性判断（M±SD）	t	P
不启动	1.05±1.61	−4.01 **	0.00
启动	1.79±1.56		
间接	1.46±1.38	0.40	0.69
直接	1.38±1.02		

五　讨论和结论

为考察在组织情境中启动组织认同与否对乐观偏差的影响，以及不同的外显测量方法是否对乐观偏差产生影响，实验5对156名大学生分别启动组织认同或不启动组织认同，并分别采用直接比较测量或间接比较测量法来考察组织认同和测量方法是否会影响研究对象对自己所属组织竞争结果预测的乐观偏差。以往有关乐观偏差的研究多数考察个体对自己所作预测的乐观偏差状况，较少在真实的组织情境中考察研究对象对组织所作预测的乐观偏差状况。克里赞等人（Krizanet et al.，2007）以大学生为研究对象，用虚拟的标准把大学生分为两个组，考察组织忠诚是否影响研究对象对组织竞赛结果的判断。他们的研究结果表明，研究对象对自己所属组织的预测表现出一定程度的乐观偏差倾向。与克里赞等人研究的最大不同之处在于，本章是在真实的组织情境（班级）中进行的，考察组织认同对研究对象乐观偏差的影响。在启动组首先让研究对象写出自己所在班级让自己感到骄傲的地方来启动研究对象的组织认同，在文字材料呈现中再次强化研究对象的组织认同，然后让研究对象对自己所在班级的智力竞赛结果进行判断；而不启动组的研究对象直接进行判断。另外，本章采用了直接比较测量和间接比较测量两种方法，探讨不同的测量方法对研究对象的乐观偏差有无影响。研究结果表明，启动组织认同的研究对象，其乐观偏差程度显著大于不启动组织认同的研究对象。以往有研究证明，在运动比赛和政治选举领域，组织成员对自己所在组织的表现预测是过于乐观的。另外，组织成员的乐观程度依赖于组织成员对所在组织的认同水平（Krizan & Windschitl，2007）。根据组织认同理论，组织认同是一种认知过程，通过这种认知过程，组织目标和个人目标增强了一致性和适应性，组织认同过程常常也会激发组织成员的情感和行为反应。通过组织认同这个过程，个体倾向于把自身和自己所属的群体、组织看成一体，优缺点、成功失败是共有的，个体和组织是一个命运共同体（Ashforth，Harrison，& Corley，2008）。因此，组织的目标就是个体的目标，组织的成败与个体息息相关。组织的目标达成或成功能够引发成员的自尊和价值感。因此，组织成员期望所在组织能够在竞争中获胜，对组织的成功就会有不切实际的乐观信念。实验5的结果表明，启动研究对象的组织认同的确会导致研究对象产生更大程度的乐观偏差，这与以往的研究结论是一致的，假设5a得到证实。

实验5的另一个目的是考察不同的测量方法是否会影响研究对象的乐观偏差程度。以往研究的测量方法对乐观偏差的影响有三种观点。第一种观点提出，直接比较测量方法会比间接比较测量方法导致更大程度的乐观偏差。原因可能是，与直接比较方法相比，间接比较方法让研究对象将自己和对照者或对照群体分别进行判断，这种情况降低了研究对象的自我中心主义倾向，因此用间接比较测量法产生的乐观偏差相对较小（Moritz & Jelinek，2009；Weinstein，1982）。第二种观点认为，当采用间接比较法时，会产生顺序效应，尤其是当他人可能性判断在自我可能性判断之前时，会产生更大程度的乐观偏差（Gold，2008）。第三种观点认为，直接比较测量和间接比较测量实际上没有本质的差异，两种方法是等价的（Krizan & Windschitl，2007）。本章的研究结果表明，直接比较测量和间接比较测量对研究对象的乐观偏差没有产生显著影响，支持了第三种观点。以往有研究者提出，认知机制对直接比较测量的乐观偏差有较大影响，而动机机制对间接比较测量的乐观偏差有更大作用（Chambers & Windschitl，2004）。而认知机制中的聚焦主义尤其对积极事件的比较判断更可能产生乐观偏差。有研究者在跨文化比较研究中提出，东方人比西方人有更弱的聚焦主义倾向。因为东方人的智力传统强调全面、辩证的信息处理，而西方人的智力传统偏好分析、线性的思考方式。东方人在进行判断时，倾向于更多关注上下文和背景信息，西方人则倾向于把客体作为独特的实体从其背景中分开。换言之，东方人倾向于看到整体而西方人倾向于看到部分。因此，聚焦主义对西方人有更大的影响（Heine & Hamamura，2007）。以往的研究提出，直接比较测量比间接比较测量会产生更大程度的乐观偏差，原因在于，在直接比较测量中，个体的自我中心主义和聚焦主义都会起作用，共同对乐观偏差产生影响，因此会导致个体更大程度的乐观偏差。我们认为，东西方文化中个体看待问题的方式不同，会影响认知机制对乐观偏差的影响。本章实验中直接比较测量和间接比较测量对乐观偏差并没有产生显著差异，可能是因为实验以中国大学生为研究对象，研究对象的聚焦主义倾向不像西方研究对象那么明显，所以减弱了聚焦主义在直接比较测量中对乐观偏差的影响，因此两种测量方法的乐观偏差没有表现出显著差异，假设 5b 没有得到证实。

根据研究思路五的结果可以得出以下结论。

第一，组织认同对乐观偏差有影响，启动组织认同的研究对象比不启动组织认同的研究对象表现出更大程度的乐观偏差，假设 5a 得到证实。

第二，直接比较测量和间接比较测量没有对乐观偏差产生不同影响，两种测量方法得出的乐观偏差没有显著差异，假设 5b 没有得到证实。

第八章　情绪对乐观偏差的影响

"情绪"一词的词根是"move"，意思是"动"。情绪确实能使人"动"起来。例如，人体在情绪状态下被唤起，这种生理上的唤起使人们在各种活动中体验到不同的情绪。另外，个体会因为不同的情绪而采取某些行动。情绪是以个体的需要为中介的一种心理活动，它是人们对客观事物的态度体验以及相应的行为反应。情绪每天都会出现在人们的生活中，人们所说所做的每一件事情都包含情绪成分。大量研究表明，个体在面对不同事物时，对事物产生的情绪反应通常先于个体对事物的认知评价。因为，人们根据即时的情绪反应作出的判断和决策有助于人们对周围的事物作出快速有效的判断，这种反应对个体而言有更大程度的生存意义。大量研究表明，在人们的心理活动过程中，个体的认知和情绪是互相影响、互相作用的。情绪具有组织和调节功能。首先，情绪的组织功能体现在，它是心理活动的组织者。其次，情绪的调节功能体现在，情绪会对个体的认知加工过程以及个体的行为进行调节。最后，情绪还会影响个体知觉对信息的选择，同时负责监督信息的加工，进而对个体的记忆产生阻碍或促进作用，并进一步影响个体的决策、推理和问题的解决。总之，情绪对个体心理活动的方方面面都会产生不同程度的影响。乐观偏差实质上就是人们在面对某个将来可能事件时，对事件发生在自己身上的概率或可能性作出的判断。这个判断过程会受到各种因素的影响，其中情绪对乐观偏差的影响是值得研究者关注的。

第一节　情绪

情绪作为一种人类常见的心理现象，它渗透到人类日常生活的方方面面，人们时时刻刻都有不同的情绪体验，人们所说所做的每一件事情都包含了情绪的成分。情绪反映在个体的生理活动中，反映在表达方式中，反映在个体行为中；情绪与认知相生相伴；它跨越文化，跨越人群，将人与人联系了起来。也正是因为人有丰富多彩的情绪，才有多彩多样的生活。正因情绪之于人类的重要性及复杂性，它一直是心理学研究的焦点。众所周知，情绪总是伴随着一定的情境而产生，不同的情境会激发个体不同的情绪。学者拉扎勒斯（Lazarus，1991）曾经说过："我难以相信，在研究心理现象或人与动物的适应行为时，能够避而不谈情绪的重要作用。那些忽视了这一点的心理学理论和实践是落伍的……。"

有关情绪的探讨可以追溯到威廉·詹姆斯，他关于情绪的论述是情绪心理学理论的起源。追随詹姆斯有关情绪的理论，更多的研究者从不同角度提出了不同的情绪理论。例如，斯托曼（Strongman）所著的《情绪心理学》一书中，就从现象学、生理学及行为、认知、发展、社会等方面介绍了150余种情绪理论。这说明，情绪已经进入心理学研究领域，在心理学研究的各个方面都有情绪的身影。纵观有关情绪的研究可以看出，这些研究涵盖了情绪的方方面面，从情绪的分类到情绪与认知的关系，从情绪对行为的影响到近年来有关情绪的认知神经机制等。尤其是近年来，随着认知神经科学的兴起，情绪产生及影响情绪的生理因素和脑机制也成为情绪研究的热点，不同学者从不同角度取得了丰富的研究成果。

一　有关情绪的心理学理论

情绪心理学是一门既古老又年轻的学科。在西方，情绪早在古希腊哲学中就被论及。在东方，情绪也是中国古代医学关注的对象。然而，早期关于情绪的理论，由于唯智主义在古希腊哲学中占据主导地位，情绪在古希腊哲学中被当作粗糙的、非理性的以及类似动物的，情绪受到了研究者的排斥。直到 19 世纪末，心理学逐渐从哲学中分离出来，情绪问题开始在西方引起学者重视。例如，威廉·詹姆斯于 19 世纪 80 年代凭借自己提出的有关情绪的生理理论，把情绪研究带入了科学研究的大门。之后西方研究者对情绪进行了大量研究，实现了情绪研究的巨大进步。在此基础上，不同取向的情绪理论如雨后春笋般出现，研究者也提出了各自独特的见解。自詹姆斯以来，情绪生理方面的相关解释得到了研究者的重视，并占据了重要地位。有关情绪生理方面的解释认为，个体的生理结构是情绪重要特征的来源，并且情绪与中枢神经系统和外周神经系统是平行关系，不同的情绪与大脑或身体内脏的相应部位存在模式化关系。与此观点类似，"怒伤肝、喜伤心、思伤脾、悲伤肺、恐伤肾"等情绪与内脏关系的观点，早在我国古代的《黄帝内经》中就有记载。另外，根据詹姆斯有关情绪的生理理论，情绪事件会激起个体的内脏活动，而组织内脏的活动会被个体感受到并命名为某种特定情绪。而有关情绪行为的研究和理论，否认和忽视情绪内在的心理因素，主要集中于情绪可以直接被观察和测量等方面，强调情绪是对特定刺激产生无条件反应的结果。行为取向对情绪心理学的发展产生了一定程度的阻碍。认知心理学的出现给情绪研究带来了无限生机，情绪的认知取向认为，情绪是个体对客观刺激的认知评价产生的。例

如，阿诺德认为，人们往往会从自身出发，即时自动对自己遇到
的任何事物进行评价。评价过程是对知觉过程的补充，它使人们
产生了要做什么的倾向，如果这种倾向很强烈，就被称为情绪。
评价也是拉扎勒斯观点中的核心概念，认为人们是评价者，人们
评价每一个遇到的刺激时都会考虑这一刺激与自身的相关性。这
就是认知活动，而情绪只是它的一部分。由此情绪与认知的关系
成为情绪研究领域的重要主题。情绪的进化取向则从情绪对人类
进化意义的角度探讨了情绪在人类进化过程中的适应意义。例
如，进化取向的研究者罗尔斯（Rolls，1990）提出，情绪理论的
关注点是情绪的神经基础，情绪的某些特殊功能对个体的生存具
有重要价值。例如，情绪对强化刺激所作出的行为反应具有灵活
性，情绪还有动机作用和信息交流作用，情绪可以促进个体与社
会之间的联系等。另外，罗尔斯（Rolls）关于情绪的神经基础的
观点为情绪的脑机制研究奠定了一定基础。综观不同取向的情绪
理论，每种都有一定局限性，但也从不同角度对情绪进行研究并
取得了丰富且有意义的成果，进一步推动了情绪研究的深入
发展。

二 情绪的分类

有关情绪的分类，我国古代的《礼记》中就提出"七情六
欲"说，七情包括喜、怒、哀、惧、爱、恶、欲，但这主要是对
情绪进行描述。西方关于情绪的分类有多种方式。19世纪末，冯
特提出了情绪的三维理论，认为情绪可以分为愉快—不愉快、激
动—平静、紧张—松弛三个维度，他的观点为情绪的维度理论奠
定了基础。后来的研究者又提出了不同的情绪维度。例如，斯滕
伯格认为，情绪的维度包括愉快—不愉快、注意—拒绝以及激活
三个维度。普拉切克则认为情绪有强度、相似性和两极性三个维

度。而伊扎德提出了情绪的四维度观点，即情绪有愉快度、紧张度、激动度和确信度四个维度。传统的情绪分类理论从不同维度对情绪进行了分类，当前，情绪研究领域普遍运用"效价—唤起度"二维模式分类法。该模式认为，情绪分为效价（valence）、唤起度（arousal）两个维度。从效价维度来看，情绪区分为两极，即正和负。据此，正情绪或积极情绪位于正效价一端，指产生愉悦感受的情绪，而负情绪或消极情绪位于负效价一端，指产生不愉悦感受的情绪。二维模式分类法的另一个维度是唤起度，此维度是对情绪的强弱加以区分。唤起度越大，产生的情绪就越强烈。这种情绪二分法在当前的情绪研究中被广泛应用。除了情绪的行为研究之外，应用事件相关电位（ERP）、功能性核磁共振（fMRI）、正电子发射断层扫描（PET）等先进实验手段进行情绪的脑电波和神经机制研究也日益丰富。总之，当前有关情绪的研究多采用情绪二维分类法。

三 情绪的测量

情绪的测量方法随着研究手段和研究仪器的发展也越来越多样化。传统的情绪测量方法主要是问卷调查，目前采用比较多的问卷工具是沃森（Watson，1988）开发和编制的"积极情绪与消极情绪量表"（Positive Affect and Negative Affect Schedule，PANAS），还有"情感量表：正性情感、负性情感、情感平衡"（Affect Seales：Positive Affect，Negative Affect，Affect Balance）。另外，还有一些测量基本情绪的问卷工具，如特质性焦虑问卷（Trait Anxiety Inventory，TAI）和恐惧调查量表-Ⅱ（Fear Survey Schedule-Ⅱ）。

科技进步是推动科学研究的重要力量。情绪测量方法随着科技的发展和进步也更加精确和先进。近年来，一些神经生理方面的研究手段被应用于心理学研究。例如，运用面部肌电测量技术，研究者可以更加精确地对研究对象的不同情绪进行定位。其用于探测情绪变化过程中交感神经与副交感神经活动的自主生理测量手段也被运用在情绪测量中。另外，更加先进的脑电和脑成像技术诸如事件相关电位（ERP）、功能性核磁共振（fMRI）、正电子放射断层扫描（PET）等研究技术也在情绪心理学研究中得到越来越多运用。

第二节　情绪启动

大量情绪或态度研究结果表明，个体只需凭借少量的认知资源就能对面前的刺激快速作出情绪评价，而这一情绪评价又会进一步影响个体的情绪体验与认知。这一观点得到了情绪启动研究的直接支持。当前，情绪启动研究在情绪及社会认知领域比较活跃。心理学对情绪启动的界定是：当启动刺激的效价与目标刺激的效价相同即能够作出一致的评价时，与二者的效价不一致相比，效价一致情况下个体对目标刺激的加工更准确迅速，这种现象即为情绪启动（affective priming）。梳理情绪启动的定义及相关研究成果发现，情绪启动有以下三个方面的含义。第一，情绪启动指当靶刺激与启动刺激的情绪效价一致时，个体对靶刺激更加敏感，并通过加工速度和注意选择加以体现。第二，个体对具有某种情绪效价的刺激先行加工，会导致随后的加工也具有相应的情绪色彩。第三，把个体的情绪状态看作一种启动状态或者准备状态，这种启动状态会对个体之后的认知过程产生一定影响。本节从情绪启动第三个方面的含义出发，研究启动的情绪会对之后的乐观偏差产生何种影响。

目前，情绪启动的研究者不仅关注如何启动情绪，即情绪启

动的产生条件，而且不断深化并根据自身实际发展新的研究范
式。通过情绪启动研究范式，不同研究者对情绪与认知及社会认
知领域的相关问题进行了深入探讨并取得丰富的成果。

一 情绪的文字材料启动

情绪的文字材料启动包括文字材料启动法和情绪性词语启动
法。文字材料启动法是给研究对象呈现标准化的文字材料，让研
究对象阅读从而启动研究所需要的情绪，文字材料一般是从近期
发生的新闻事件或者文学作品或者教科书中选取的。这种方法的
优点是，文字材料的标准化比较容易操作，并且阅读也是研究对
象都具备的能力。但存在的问题是，通过阅读文字材料是否真正
启动了研究对象的情绪，还是研究对象只是通过阅读进入了想象
状态，还难以通过有效手段进行评估。另外一种文字材料启动法
采用情绪性词语（Dietrich, et al., 2000）。这些情绪性词语的呈
现有两种方式，一种是通过视觉通道呈现，另一种是通过听觉通
道呈现。听觉通道呈现通常选用不同情绪色彩的词语，朗读其无
意义音节（ba、pa）以及有意义的词语或句子。此外，还有很多
研究者利用情绪性词语进行了斯特鲁普（Stroop）效应研究，探
索情绪性词语的影响。情绪性词语启动的优点是，操作相对简
便，且情绪性词语的刺激量也容易区别和控制。但其仍然存在缺
点，情绪性词语对情绪启动的真实性难以评估。

二 情绪的图片启动

图片启动情绪也是比较常用的一种方法，通过给研究对象呈
现一系列情绪性图片，诱发研究对象产生相应的情绪体验。目
前，情绪图片启动是使用比较广的一种方法。此领域的研究者尝
试对启动情绪的刺激材料进行标准化，经过一系列探索，目前已

经形成了比较标准的图片刺激系统，即国际情绪图片库（IAPS）（Bradley，Lang，2007；Lang，1995）。该图片库的图片从三个维度即效价、唤起度和优势度对作为刺激材料的图片进行了标准化处理，形成了一个相对标准化的图库。IAPS除了为刺激材料的标准化作出了一定贡献外，也推动了不同研究进行一定程度的比较，从而实现互相验证。总体而言，IAPS具有一个突出优点——具备较好的国际通用性。然而，受不同国家文化差异、研究对象个体差异以及男性和女性对部分图片的情绪感受不同等因素影响，情绪的图片启动仍然存在某种程度的差异。因此，该图片库也需要研究者加以改进和完善。总体上，IAPS的图片材料被公认具有较好的标准化特点，以该图片库的图片为研究材料的研究结果可以进行横向比较。另外，对采用该图片库图片进行研究的聚类分析结果表明，研究者不仅可以从情绪维度对情绪问题进行研究，也可以根据情绪类型研究情绪问题，且这两种研究结果能够进行相互比较。因此，IAPS在情绪启动研究领域得到了普遍认可。

三 情绪的视频和音频启动

情绪的视频启动法采用的视频材料通常持续时间较短，一般几分钟，画面是动态的，比较直观且容易为研究对象理解。另外，视频材料及呈现过程可以在研究对象间进行标准化处理（Rottenberg et al.，2007；Kring，Gordon，1998）。因此，使用录像给研究对象呈现一个视频片段，或者用画面来启动研究对象相应的情绪，也是目前情绪研究中常用的情绪启动方法之一。例如，研究情绪调节过程的学者格鲁斯（Gross，2001），就是通过呈现视频材料启动研究对象的不同情绪。结果证明，该方法对研究对象的情绪调节研究是有效的。视频启动情绪的程序如下：实验前告知研究对象要观看一段视频，然后给研究对象呈现标准化的视频材料，包括自然风景片（中性刺激），或者给研究对象呈现有不同情绪的视频材料来启动情绪。视频启动法虽然能够启动研究对象观看视频前后不同的情绪变化，但情绪启动前后个体被启动出情绪的有效性以及研究对象体验到的情绪强度，主要依赖于研究对象的自我报告，因此情绪启动的有效性通常受到质疑。另外，视频材料对研究对象产生的其他影响，如除了启动情绪之外，视频对研究对象认知方面是否产生影响并不清楚。许多研究表明，情绪本身特别是在认知、判断反应和体验、行为、生理方面的结果常常联系在一起（Weinstein，Averill，Opton，Lazarus，1968；Mauss et al.，2005；Bradley，Lang，2000）。因此，视频启动法可能会产生无关变量的干扰。此外，虽然每个视频片段对情绪元素进行了大致匹配和标准化，但是视频中的背景音乐、画面颜色、人物数量和外貌等因素，难以完全实现标准化。

除了利用视频启动情绪外，研究者还采用音频启动研究对象的情绪。这种方法通常是让研究对象听一段音乐来启动其相应的情绪。目前，已经有不少研究通过音乐来启动诸如愤怒和焦虑等情绪。音频启动法的优点是操作更为简单，研究对象比较容易被唤起相应的情绪，并且这种方法也能实现研究对象间的标准化对比。然而，虽然不同情绪色彩的音乐能够唤起研究对象的情绪，但唤起的情绪是否为某种具体的情绪还难以验证（Walters，1989；Silvia，2005；Scherer，Zentner，2008），并且情绪的启动还需要研究对象能够用心感受音乐所蕴含的情绪。因此，音频启动法的有效性仍然需要进一步验证。

总体而言，视频或音频启动法的特点在于，材料比文字启动或者图片启动更生动、直观和现实，启动的效果也相对较好。但是，与图片启动相比，视频或音频启动所用材料还未实现标准

化。不同研究者都是根据自己的研究目的自行选择，或者自行设
计材料进行研究，这就导致不同研究结论很难有可比性。

四　情绪的情境想象启动

情绪的情境想象启动法是通过给研究对象观看视频片段或听
录音材料或阅读一段文字材料，让研究对象想象自己身处材料展
现的相应情境中，以启动相关情绪（Velasco，Bond，1998；
Miller，Patrick，Levenston，2002）。该方法的优点在于，精心创
设的情境比较接近现实，研究对象通过想象产生的某种情绪及其
变化过程也比较贴近现实。情境启动的缺点在于，由于情绪的产
生主要依赖所创设的情境，情境的创设非常重要且比较复杂，另
外，同样的情境难以多次重复创设。而且，这种方法容易产生要
求效应。研究对象是否能够通过想象真正进入与想象场境一致的
情绪状态，也无法进行评估。因此，对研究对象启动情绪的控制
较难操作。目前，情境想象启动情绪主要应用于现场研究。

五　回忆生活事件的情绪启动

回忆生活事件启动法是让研究对象回忆并写下自己曾经经历
的某件令其感到愉快的积极生活事件或者令其感到难过的消极生
活事件，回忆并写下的事件尽可能详细生动。通过这种方法，研
究者可以成功地启动研究对象由回忆积极生活事件所产生的积极
情绪或由回忆消极生活事件所产生的消极情绪。由于生活事件是
研究对象亲自经历过且给研究对象带来某种程度情绪体验的，研
究对象在回忆并写下这些生活事件时，就容易启动相应的积极或
消极情绪。已有研究表明，研究者采用这种方法能够有效地诱导
研究对象的积极或消极情绪，并且研究对象所启动的积极和消极
情绪表现出显著差异（Gasper & Clore，2002）。然而，回忆生活

事件启动法有一个缺点，通过回忆生活事件启动的情绪种类比较难以控制。

综观不同的情绪启动法，不难看出每种情绪启动法都有优点和缺点，有些缺点是不同的情绪启动方法共有的。例如，对研究对象诱发情绪有效性的检验以及诱发何种具体情绪都难以操纵。但情绪启动仍然是情绪和认知领域的研究焦点之一，并且研究者多数启动的是积极情绪或消极情绪，对更为具体情绪的启动研究相对较少。

第三节　情绪与乐观偏差

一　情绪对乐观偏差的影响研究

关于情绪对乐观偏差影响的研究，可以追溯到情绪影响判断的研究。斯洛维克和彼得斯（Slovic & Peters，2006）在研究中提出，个体的情绪会对其判断产生极大影响。其后，伦奇和迪托（Lench & Ditto，2008）设计了实验考察情绪对乐观偏差的影响。根据其研究结果，乐观偏差是一种依赖于情绪的自动化倾向。人们在对将来事件的可能性进行判断时会受到将来事件效价的影响。例如，由将来消极事件引发的消极情绪会导致人们对消极事件的认知拒绝并判断消极事件更不可能发生；由将来积极事件诱发的积极情绪促使人们对积极事件的认知接受，从而判断积极事件更可能发生。伦奇和迪托还指出，情绪反应具有更快速和强烈直觉的特点，而认知分析具有相对缓慢和更慎重的特点。因此，人们在对将来事件进行判断时，会受到快速和直觉的情绪的影响。在他们的实验中，研究对象对将来积极事件或消极事件进行判断时，电脑屏幕上会同时出现积极词或消极词，研究对象被告知这些词的出现是由于程序错误，可以忽略。实验结束后，对研究对象的事件可能性判断数据分析结果表明，事件效价的主效应显著，即与消极事件相比，研究对象认为积极事件更可能发生在自己身上。同时，词语效价的主效应也显著，即当事件伴随着积极词而非消极词出现时，研究对象认为他们更可能经历积极事件。这个实验结果再次证明，积极情绪促进了积极事件更容易被人们所接受，而消极情绪导致了消极事件更可能被人们所拒绝。还有研究提出，人们依赖不怎么费力的情绪反应来帮助自己高效地对周围的世界作出好或坏的判断（Slovic, Finucane, Peters, & Mac Gregor, 2002；Zajonc, 1980）。据此，积极情绪会促使人们付出努力得到想要的结果，而消极情绪会帮助人们远离危险或不愉快的事情。情绪反应有助于评估当下的情境，甚至影响人们为达成将来目标的努力程度判断。总之，情绪反应以一种不易察觉且普遍的方式影响人们对事件可能性的主观判断。另外，从近来情绪对决策或判断影响的认知神经机制研究结果来看，这种影响的作用机制可能是内隐层面的。研究指出，情绪的产生并不需要个体意识的参与，即不需要以认知为中介，并且情绪对决策行为的影响是直接的。有研究发现，个体面对刺激物产生的情绪反应与认知评估相比，通常情绪反应更加迅速及时。研究者们提出，正是人类的这种即时情绪反应为人类作出行为选择提供了线索和依据，从而能够帮助人类迅速行动（Zajonc, 1980；Bargh, Ferguson, 2000；Le Doux, 1994）。根据他们的观点，人们在面对刺激情境时，情绪反应优先于认知评估，这种优先情绪反应有助于生物体对环境刺激作出快速行动，这种自动化的情绪反应对生物体具有生存意义。这些研究结果与伦奇和迪托提出的乐观偏差是一种依赖于情绪的自动化倾向的观点有异曲同工之妙。

有关情绪状态对乐观偏差影响的研究还提出，被启动去体验消极情绪的个体比被启动体验积极情绪的个体会表现出较小程度的乐观偏差，原因在于消极情绪（如悲伤）加强了与情绪感受一致的信息的可获得性，处于悲伤情绪中的人更容易回忆起相关的消极记忆，而这些消极记忆又反过来影响判断，所以处于悲伤情绪的个体比处于中性情绪的个体认为自己更可能经历消极事件（Pyszczynski & Greenberg，1985，1986，1987；Salovey & Birnbaum，1989）。相反，处于积极情绪的个体对消极事件进行判断时，较少提取消极记忆，会认为消极事件更可能发生在他人身上，从而表现出较大程度的乐观偏差。情绪对乐观偏差的影响可以用情绪的加工一致性效应加以解释。情绪的加工一致性效应是指，个体对信息进行加工时会有选择地利用或提取与自己情绪状态一致的信息进行加工。有关研究指出，该效应主要表现在以下几个方面：个体学习过程中，与情绪状态一致的材料会获得更多认知资源并进一步精细加工从而实现较好的学习效果，这就是学习中的情绪一致性效应。该效应的另一种表现是个体对情绪的一致性提取，即情绪可能影响对信息的编码，还会影响对信息的提取，与个体情绪状态一致的信息更可能被个体提取出来。例如，蒂斯代尔和拉塞尔（Teasdale & Russell，1983）设计的一个实验中，中性情绪状态的研究对象先学习一份词单，词单上的词分为积极词、消极词或中性词。然后采用情绪启动法诱发研究对象产生积极情绪或者产生消极情绪，研究对象需要对学习过的词语进行回忆，结果表明被诱发出积极情绪的研究对象回忆起的积极词更多，而被诱发出消极情绪的研究对象回忆起的消极词较多。情绪的一致性提取解释了积极情绪状态下个体乐观偏差程度更大的原因，积极情绪状态下的个体会更多提取有关自身的积极信息，从而认为消极事件更不可能发生在自己身上或者积极事件更可能发生在自己身上。

还有研究表明，焦虑会抑制研究对象的乐观偏差。原因在于，处于焦虑状态的个体会认为自己无法得到想要的结果并低估自己的控制能力，从而导致了较小的乐观偏差（Alloy & Ahrens, 1987）。另外，对抑郁状态个体的研究表明，抑郁者本身具有的消极图式导致他们认为消极事件更可能发生在自己身上而非他人身上，即他们表现出了悲观偏差（Pietromonaco & Markus, 1985; Pyszczynski et al., 1987）。皮斯钦斯基等人进一步指出，由于抑郁者通常更关注自己，他们在作出判断时其消极图式习惯性地被诱发。如果引导抑郁者关注外界，他们的消极自我图式就不会像原来那样容易被诱发，从而表现出和非抑郁者同样水平的乐观偏差。还有研究提出，处于焦虑状态的个体之所以表现出较低水平的乐观偏差，是因为他们经历了更多的消极事件（Dunning Perie & Story, 1991）。总之，这些研究表明，当焦虑或抑郁个体的注意力投注向内（自己）时，研究对象就会表现出较低水平的乐观偏差，当他们的注意力投注向外时，他们的乐观偏差水平就与常人无异了。另外，还有研究提出，焦虑尤其会对可控事件和有严重后果事件的乐观偏差程度产生抑制（Shepperd & Helweg-Larsen, 2001）。

情绪对乐观偏差的影响有生理学依据。在德雷克（Drake）的一系列研究中，激活研究对象大脑左右半球会产生不同程度的乐观偏差，激活左半球比激活右半球会导致研究对象表现出更大程度的乐观偏差（Drake, 1984, 1987; Drake & Ulrich, 1992）。德雷克提出，对右利手的个体而言，积极情绪与激活左半球的大脑活动有关，而消极情绪与激活右半球的大脑活动有关。因此，当研究对象被激活不同半球大脑的活动时，会诱发不同的情绪从而产生不同程度的乐观偏差。

二　研究设想

以往有关情绪对乐观偏差影响的研究多采用问卷调查法，考察快乐、悲伤、焦虑、抑郁、担忧等具体情绪与中性情绪相比对乐观偏差的影响，而且研究结果只是一种相关性探讨。较少有研究比较积极情绪和消极情绪对乐观偏差的影响差异。因此，本章主要考察不同情境下诱发的积极情绪和消极情绪对乐观偏差的影响。选择积极情绪和消极情绪而没有选择更具体的某种情绪是基于以下原因。第一，有关情绪类型的划分，目前较为常用的方法是"效价—唤起度"二维模式划分法。该模式认为，情绪分为效价和唤起度两个维度依据。根据效价维度，可以把情绪分为正、负两极，位于正效价一端、有愉悦感受的情绪称为积极情绪或正情绪，而位于负效价一端、有不愉悦感受的情绪称为消极情绪或负情绪。根据另一个维度唤起度来区分情绪的强弱，唤起度越大，所产生的情绪就越强烈。另外，与具体情绪有关的理论并不像一般性情绪理论那样意义深远，很多关于具体情绪的理论，如有关嫉妒和羡慕的理论，都是源自人们的日常生活或是虚构，缺乏相关理论依据。第二，在实验情境下，实验者启动积极或消极情绪比启动某种具体情绪要简单得多。第三，在启动某种具体情绪时，研究对象很可能无法被启动出实验者期望的情绪，导致实验者的研究面临很大风险。第四，某些情绪的研究并非需要启动某种具体情绪。从研究目的来说，启动积极或消极情绪就可以达到研究的目的。因此，目前有关情绪的研究多采用情绪二维分类法。基于此，本章主要考察积极情绪和消极情绪对乐观偏差的影响，并进一步比较二者的差异。

另外，采用情绪启动范式激发研究对象的积极情绪或消极情绪来考察情绪对乐观偏差影响的实验研究尚不多见，已有研究难以根据成果作进一步推论，而且相关研究结果还存在彼此矛盾和互相驳斥的情况。因此，采用相对严格的实验法，运用情绪启动范式考察情绪对乐观偏差的影响，能够进一步得出相对严谨的结论，是对已有研究成果的进一步验证和有益补充。基于以上考量，本章考察积极情绪和消极情绪对乐观偏差的影响，并对二者的差异进行分析研究。

综上所述，本章分别设计实验 6 和实验 7 两个实验来考察情绪对乐观偏差的影响。其中实验 6 是通过猜球来创设输或赢的情境，通过输或赢的情境诱发研究对象产生积极或消极的情绪，探索不同情绪状态对乐观偏差是否产生不同影响。实验 7 在实验 6 的基础上，进一步通过回忆生活事件的情绪启动范式来创设不同情境，诱发研究对象积极或消极的情绪，再次考察积极或消极情绪对乐观偏差的影响，并对实验 6 的结果进行验证。总体而言，研究假设有两个：①假设 6a：在不同情绪状态下，个体都会表现出乐观偏差，但是程度不同；②假设 6b：与消极情绪相比，积极情绪状态下的研究对象会产生更大程度的乐观偏差。

第四节 得失情境中情绪对乐观偏差的影响

一 研究对象

本节的研究对象为 50 名在校大学本科生，有偿参加本实验且之前均未参加过类似研究。

二 实验设计

本实验为单因素被试间设计：因素为猜球情境，有猜对赢钱（获益）和猜错输钱（损失）两个水平。因变量为研究对象对事

件发生在自己身上可能性的判断，如果研究对象对事件发生可能
性的判断小于 3，则说明研究对象存在乐观偏差。

三　实验材料

实验材料为 80 个消极生活事件。实验材料均选择消极生活
事件，以往有关乐观偏差的研究多数也是考察个体对消极生活事
件的乐观偏差状况，无论是行为研究还是近来的脑机制研究。以
往研究者更关注个体对消极事件的乐观偏差状况，原因是消极事
件的乐观偏差会给个体带来更多不利影响，研究者试图探讨人们
对消极事件产生乐观偏差的心理机制，以降低乐观偏差可能造成
的消极影响。本实验的实验材料是从以往乐观偏差研究材料中选
取了 90 个消极生活事件。评定这些生活事件的研究对象是 24 名
大学生和研究生，在安静的教室内集体施测，统一指导语，从唤
起度、消极性、熟悉度三个维度对 90 个消极生活事件进行了 6 点
评定。根据其判断结果从中选取了 80 个消极生活事件，选取的
标准是唤起度>3（中等程度以上的唤起）、消极性>3（消极程度
为中等程度以上）和熟悉度<3（中等程度以下的熟悉度即研究对
象不太熟悉的事件）。

四　实验程序

本实验采用 E-prime 编程，所有测验都在电脑上进行。在每
个事件出现之前，先有一个注视点（"+"）提示研究对象集中
注意力，注视点呈现的时间为 1 秒；接下来屏幕中央会出现两
个封闭的盒子，研究对象需要在 3 秒内猜出哪个盒子里会有球，
猜对了会赢得 20 元钱，猜错就会输掉 20 元钱；研究对象猜球
之后，屏幕中央会给研究对象呈现猜对或猜错的反馈，反馈的
时间为 5 秒减去研究对象猜球所用的时间；接下来是一个 0.75

秒的空屏；然后是呈现时间为 8.5 秒的生活事件。研究对象的
任务是，当每一个事件出现后，尽快判断该事件发生在自己身
上的可能性：极低于他人（1）、低于他人（2）、相等（3）、高
于他人（4）、极高于他人（5），并按相应数字键反应。在实验
前告知研究对象，实验结束后会让研究对象抽取 10 个试次，根
据其输赢情况，研究对象会得到相应报酬。在正式实验前研究
对象先进行了相应练习，当研究对象报告完全了解实验程序后
开始正式实验。猜球的输赢反馈随机，80 个消极生活事件也随
机呈现。在实验结束后询问研究对象在输赢情境中是否体验到
积极情绪或消极情绪，结果表明研究对象均表示输赢情境的确
会唤起自己相应的积极情绪或消极情绪。本实验具体的实验流
程见图 1。

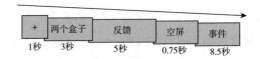

图 1 输赢情境下情绪对乐观偏差的影响实验流程

五 研究结果

对研究对象的输赢情境下事件可能性判断进行配对样本 t 检
验，检验结果见表 1 和图 2。

表 1 输赢情境下事件可能性判断配对样本 t 检验

	M	SE	t
赢情境下可能性判断	2.35	0.45	
输情境下可能性判断	2.89	0.51	
赢—输的可能性判断	-0.54	0.58	-6.56**

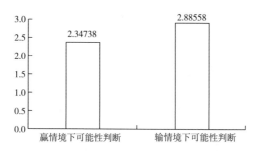

图 2　输赢情境下事件发生可能性判断

从结果可以看出，首先，无论是在赢情境下（猜对）还是在输情境下（猜错），研究对象对事件发生在自己身上可能性的判断都小于 3，即研究对象认为事件发生在自己身上的可能性低于他人，说明研究对象均表现出了一定程度的乐观偏差。这个结果说明，个体在积极或消极情绪状态下都会表现出一定程度的乐观偏差，但积极情绪状态下的乐观偏差程度更大。其次，从配对样本 t 检验结果还可以发现，研究对象在赢情境下可能性判断小于输情境下的可能性判断，并且二者的差异显著。配对样本 t 检验结果表明，研究对象在猜对赢钱的情境下被诱发出了积极情绪，在猜错输钱的情境下被诱发出了消极情绪。与消极情绪状态下的可能性判断相比，研究对象在积极情绪状态下更加认为消极事件发生在自己身上的可能性低于他人，从而表现出更大程度的乐观偏差。这些结果证明了实验假设 6a 和 6b。

六　讨论

实验 6 假设猜对赢钱和猜错输钱会让研究对象处于不同的情境中，赢钱是一种获益情境而输钱是一种损失情境，研究对象在获益情境或损失情境中的情绪体验是不同的。通常认为，获益能让人开心，而损失则让人厌恶。在心理学研究中，人们在作出决策或判断时普遍存在一种损失厌恶模式，个体在面对损失时非常敏感，会努力避免损失。在经济学研究领域，对个体损失厌恶心理的研究已受到越来越多的关注。其实对个体损失厌恶心理的研究可以追溯到1759年，现代经济学之父亚当·斯密在其著名的《道德情操论》中，对现实生活中人们表现出的损失厌恶心理现象进行了描述。他指出，人们对自己的状况由好变坏和由坏变好的感受是不同的，通常，由好变坏造成的痛苦远比由坏变好带来的快乐更强烈，并且这种现象在人们的现实生活中具有相当程度的普遍性。1979年，研究者卡尼曼（Kahneman）和特维尔斯基（Tversky）根据自己的研究证明了这一现象。他们采用赌博游戏方式考察了获益和损失情境下研究对象的不同反应，结果发现，当损失和获益的期望值相等（即研究对象赢得50美元或输掉50美元的概率是相等的，都是50%）时，多数研究对象不愿意参加这样的赌博游戏。他们据此提出，对个体而言，获益和损失具有不同的效用，与获益相比，通常等量损失产生的效用更大，这种现象即为损失厌恶（loss aversion）。大量研究充分证明，损失规避这种现象普遍存在，从诸如咖啡杯、巧克力条等可以用金钱衡量的常见交易商品，到诸如与健康和安全相关的权利和措施等无法用金钱衡量价值的东西（Carmon & Ariely, 2000; Kahneman, Knetsch, & Thaler, 1991），人们都会表现出损失厌恶。另外，研究还发现，研究情境不管是研究对象亲身经历的，还是需要通过想象进入的，研究对象同样都报告自己体验到了损失厌恶（Carmon, Wertenbroch, & Zeelenberg, 2003; Sen & Johnson, 1997）。对损失厌恶心理机制的解释之一是情绪、信息等价模型（Affect as Information Model）。该模型是施瓦茨和克罗尔（Schwarz & Clore, 1983、1988）提出的，他们借用该模型解释个体情绪如何对决策或判断产生影响。该模型假设，在作出判断时，个体的情绪是导致判断简单化的启发式，即个体作出判断不是基于判断任务的特征而是基于自己的情绪，此时个体会将自己先前的情绪状态误认为自己对当前判断任务的反应。因此，根据这个模型的观点，当个体处于损失情境产生损失厌恶的消极情绪时，研究对象就会受到消极情绪的影响，从而作出与自己情绪一致的判断。

在实验6中，通过猜对赢得20元钱和猜错输掉20元钱的方式创设了两种情境，即获益情境和损失情境。根据损失厌恶理论和相关研究，当研究对象猜错要输掉20元钱时，与猜对赢得20元钱相比，他们就可能产生损失厌恶心理，即输掉20元钱会给研究对象带来更强烈的消极情绪体验。损失带来的消极情绪会对乐观偏差造成更大程度的影响。从研究结果可以看出，研究对象在损失情境下的乐观偏差程度的确与获益情境下的乐观偏差程度有显著差异，表现为更小程度的乐观偏差，研究对象对事件发生可能性的判断平均数为2.89，已经接近3（与他人相等）。这个结果表明，由于输钱带来比较强烈的消极情绪对乐观偏差的抑制程度更大，研究对象的乐观偏差程度会有所降低。而当研究对象在获益情境（赢钱）下，会体验到获益带来的某种程度的积极情绪（如开心）。以往的研究表明，处于积极情绪中的个体在对消极事件作出判断时，较少提取有关的消极记忆，往往认为消极事件不会发生在自己身上，从而作出消极事件更可能发生在他人身上的判断，从而表现出较大程度的乐观偏差。实验6的结果与以往情绪对乐观偏差影响的研究结果一致，即积极情绪与消极情绪相比，能够导致更大程度的乐观偏差。

第五节　回忆生活事件的情绪启动范式对乐观偏差的影响

实验6的猜球情境持续时间较短（不超过5秒），并且每个研究对象都会在猜对赢钱和猜错输钱的不同情绪间来回迅速切换。虽然可以认为研究对象赢得 20 元钱后会产生高兴的情绪，输掉 20 元钱会产生难过的情绪，但获益或损失情境给研究对象造成的积极情绪或消极情绪持续时间是即时短暂而变化的，积极情绪和消极情绪对研究对象接下来事件发生可能性的判断影响是否稳定需要进一步验证。因此，实验 7 为研究对象间的实验设计，采用回忆生活事件的情绪启动范式进一步分别考察个体处于相对稳定的积极情绪或消极情绪状态下，不同情绪状态对个体乐观偏差状况的影响，并与实验 6 的研究结果进行相互验证。

一　研究对象

研究对象为在校本科大学生 60 人，有偿参加本实验且之前均未参加过类似的研究。

二　实验设计

本实验为单因素被试间设计：因素为情绪启动，有积极情绪启动和消极情绪启动两个水平。因变量为研究对象对事件发生在自己身上可能性的判断，如果研究对象的可能性判断小于 3，则说明研究对象存在乐观偏差。

三　实验材料

本实验有三种实验材料，实验材料一为从实验 6 的 80 个材料中选取的 40 个消极事件。本实验只选择了 40 个，是因为实验 6 结束后对研究对象的访谈发现，多数研究对象反映 80 个数量稍多，难免会产生轻微的不耐烦情绪。为避免可能的不耐烦情绪给实验结果造成干扰，实验 7 从中随机选取了 40 个消极事件。

实验材料二为情绪自评量表（PANAS）中文版：该量表用来测量研究对象的情绪诱发效果。以往的研究表明，量表中文版的内部一致性系数为 0.87，显示具有较高的信度。该量表包括 20 个形容词项目，其中 10 个形容词测量积极情绪，10 个形容词测量消极情绪。量表采用 5 点等级评分。研究对象要对量表中每一个情绪形容词进行评估，其中数字 1 代表自己体验到该种情绪非常轻微或者几乎没有，5 代表研究对象能够强烈或者极强烈体验到该种情绪。随着数字等级的增加，研究对象报告体验到相应情绪的强度逐渐增大。这个量表能够比较清楚地区别研究对象体验到的"积极"和"消极"情绪。

实验材料三为情绪启动材料，本实验采用的情绪启动范式是回忆并写下生活事件。通过让不同情绪启动组的研究对象尽可能详细地回忆并写下自己经历过的一件开心或难过事件，从而达到情绪诱发的目的。

四 实验程序

实验程序如下：研究对象在实验开始前，要报告自己的情绪状态，报告没有强烈情绪的研究对象开始后面的实验程序，有强烈情绪者不再进行后面的实验。进入实验程序的研究对象首先要填写一个情绪自评量表（PANAS），测定研究对象情绪启动前的积极情绪和消极情绪状态。填写完量表后，研究对象被随机分到积极情绪启动组或消极情绪启动组进行情绪启动。积极情绪启动组的研究对象被告知回忆并写下一个自己想起来就开心的事件，情节越详细越好；消极情绪启动组则要回忆并写下一个自己想起来就难过的事件，仍然要求越详细越好。然后研究对象再次填写情绪量表，以测量研究对象积极情绪或消极情绪的启动效果。最后研究对象进行乐观偏差实验。实验采用 E-prime 编程，所有测验都在电脑上进行。实验流程如下：在每个事件出现之前，先有一个注视点（"+"）提示研究对象接下来会出现消极事件，注视点呈现的时间为1秒，接下来屏幕中央会出现一个消极事件和一个五点判断标准，呈现的时间为8.5秒。研究对象的任务是，看到每一个事件呈现后，判断该事件发生在自己身上的可能性情况：极低于他人（1）、低于他人（2）、相等（3）、高于他人（4）、极高于他人（5），并尽快按相应数字键作出反应。在正式实验前研究对象先作了相应练习，完全了解实验程序后开始正式实验。40个消极事件随机呈现。

五 研究结果

本节先对60个研究对象的情绪启动结果进行了分析。对积极情绪启动组研究对象的积极情绪和消极情绪启动组研究对象的消极情绪分别进行了情绪启动前后的配对样本 t 检验，检验结果见表2和表3及图3和图4。

表 2 积极情绪启动组情绪启动前后配对样本 t 检验

	M	SE	t
积极情绪1	2.60	0.38	
积极情绪2	3.38	0.30	
积极情绪1—积极情绪2	-0.78	0.75	-5.72**

表 3 消极情绪启动组情绪启动前后配对样本 t 检验

	M	SE	t
消极情绪1	2.07	0.57	
消极情绪2	3.02	0.68	
消极情绪1—消极情绪2	-0.78	0.75	-6.86**

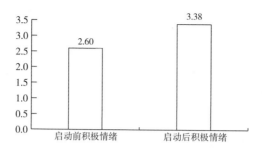

图 3　积极情绪启动组情绪启动前后积极情绪比较

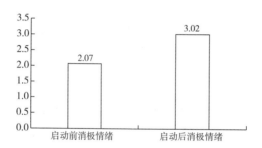

图 4　消极情绪启动组情绪启动前后消极情绪比较

从表 2 和表 3 及图 3 和图 4 可以看出，积极情绪启动组和消极情绪启动组的研究对象情绪启动前的积极情绪或消极情绪都较低，启动后的积极情绪或消极情绪都达到中等程度以上。另外，启动前后的积极情绪和消极情绪表现出极其显著的差异，说明情绪启动的效果良好。

接下来对积极情绪启动组和消极情绪启动组研究对象的事件可能性判断进行独立样本 t 检验，结果见表 4。

表 4　积极情绪启动组和消极情绪启动组情绪启动前后
事件可能性判断独立样本 t 检验

	M	SE	F
积极情绪启动组可能性判断	2.05	0.51	
消极情绪启动组可能性判断	2.53	0.89	5.57*

独立样本 t 检验结果表明，启动积极情绪的研究对象与启动消极情绪的研究对象，对事件发生可能性的判断结果都小于 3，即两组研究对象都认为事件发生在自己身上的可能性低于他人，表明积极情绪启动组和消极情绪启动组研究对象均表现出一定程度的乐观偏差。另外，两组对事件发生可能性的判断存在显著差异，并且积极情绪启动组的研究对象认为事件发生在自己身上的可能性低于他人，说明积极情绪启动组研究对象的乐观偏差程度更大。这一结果与前人有关情绪对乐观偏差影响的研究结果也是一致的，并进一步验证了实验 6 的结果。

六 讨论和结论

以往的研究结果表明，当个体被启动去体验消极情绪时，他们比被启动体验积极情绪的研究对象表现出较小程度的乐观偏差（Lench & Ditto，2008）。因为消极情绪（如悲伤）加强了与情绪感受一致的信息的可获得性，处于悲伤情绪中的人更容易产生相关的消极记忆，而这些消极记忆又会反过来影响作出的判断，所以处于悲伤情绪的个体比处于中性情绪的个体认为自己更可能经历消极事件。相反，处于积极情绪的个体在对消极事件进行判断时，较少提取消极记忆，会认为消极事件更可能发生在他人身上，从而表现出较大程度的乐观偏差。还有研究表明，焦虑会抑制研究对象的乐观偏差，焦虑尤其会对可控事件和有严重后果事件的乐观偏差产生抑制（Shepperd & Helweg-Larsen，2001）。这个结论可以用情绪加工一致性效应中情绪提取的一致性加以解释。根据情绪提取的一致性观点，情绪不仅会影响个体对信息的编码，还会影响个体对信息的提取。在信息加工过程中，与个体情绪状态一致的信息更可能被个体提取出来。例如，在蒂斯代尔和拉塞尔（Teasdale & Russell，1983）的一个实验中，处于中性情绪状态的研究对象首先学习一组单词，这组单词分别包含积极词、消极词、中性词；然后采用情绪启动方式诱发研究对象产生积极情绪或者产生消极情绪；接着研究对象要对学习过的单词进行回忆，结果表明，被诱发出积极情绪的研究对象回忆的积极词更多，而被诱发出消极情绪的研究对象回忆的消极词较多。情绪的一致性提取解释了积极情绪状态下个体乐观偏差程度更大的原因，积极情绪状态下个体会较多提取与积极情绪一致的自身相关积极信息，从而认为消极事件更不可能发生在自己身上或者积极事件更可能发生在自己身上。

因此，综合实验 6 和实验 7 的结果可以支持以下结论。

在不同情绪状态下，个体都会表现出乐观偏差，但不同情绪状态下的乐观偏差程度不同，假设 6a 得到验证。

与消极情绪相比，积极情绪状态下的研究对象会产生更大程度的乐观偏差，假设 6b 得到证实。

第九章　乐观偏差：不切实际的乐观

　　许多研究者探讨过自我认识与心理健康的关系，大部分认为正确客观地认识自我是心理健康的一个标志。马斯洛提出，健康的个体能够接受自己和自己的本性，同时也能接受自己与理想我存在不一致。贾霍达（Jahoda）将心理健康的人描述为：能真正认识自我、不歪曲自己的知觉以符合自己期望的人。但是，是否多数人能够正确客观地认识自我呢？大量研究表明，人们在与他人比较时，倾向于高估自己的优点，夸大自己达成预期结果的能力，对自己的未来存在不切实际的乐观，认为自己更可能经历积极事件，而很少经历消极事件，即表现出一定程度的乐观偏差。所以，有研究者提出，不切实际的乐观是一个普遍存在的现象。值得注意的是，乐观偏差在一定程度上有助于维护个体的心理健康（Taylor & Brown，1988）。乐观偏差不仅对维护个体的身心健康是有益的，它还与个体更高的成就动机、更强的任务持续性、更高的绩效呈正相关，并最终推动个体取得更大成功（Coelho，2009）。然而，事物都有两面性，乐观偏差也是一把"双刃剑"，乐观偏差的消极影响也不能忽视。例如，当个体对危险事件存在乐观偏差倾向时，就可能忽视危险事件带来的危害，或者不会对危险事件采取积极预防措施来避免可能的危害。在生活消费、经济领域，乐观偏差可能导致人们非理性消费、过度借贷（Seaward & Kemp，2000），创业者在错误的投资创业中反复犯错，等等。

以往对乐观偏差的测量多采用自我报告的外显测量。根据双重态度模型，个体对同一对象能同时拥有外显的态度系统和内隐的态度系统两种不同的评价。那么，人们对事件发生可能性的判断也会有外显和内隐两种态度系统。也就是说，乐观偏差可能具有自动化、无意识的内隐特点。借鉴内隐社会认知的方法，对乐观偏差进行内隐层面的测量，一方面可以考察乐观偏差是否具有自动化、无意识的内隐特点，另一方面也是对乐观偏差研究方法单一性的一种补充。基于此，根据以往的乐观偏差研究，分别在外显和内隐两个层面，以大学生群体为研究对象，对该群体是否普遍存在乐观偏差进行了考察。然后，进一步在健康情境和组织情境中通过实验法分别考察乐观偏差的影响因素。采用情绪启动范式，通过实验考察积极情绪和消极情绪对乐观偏差的影响，并比较了二者的差异。探讨乐观偏差的影响因素，即考察什么因素会导致人们更大程度的乐观偏差，哪些因素可以降低人们的乐观偏差。这些研究成果有助于各实践领域利用乐观偏差的积极作用，帮助人们拥有更多的幸福感，同时降低乐观偏差的不利影响。

第一节　乐观偏差的普遍性

一　乐观偏差的普遍性

无论哪个年龄段的个体，都会戴着"玫瑰色眼镜"看世界。泰格（Tiger，1979）早就提出，大部分人是非常乐观的，会认为自己更可能经历较多积极事件（如有幸福美满的婚姻，有一个禀赋超人的孩子），而很少经历消极事件（如成为犯罪受害者，遭遇严重事故）。通常，多数人没有意识到这种有偏差的乐观倾向。乐观偏差与其他错觉一样，力量非常强大，人们在对未来作出乐观预期时并不能觉察到这种乐观倾向的存在。这种乐观倾向是否合理、是否切合实际不确定，因为没有人能够准确预测未来。研究这个问题的一个方法，就是让人们比较自己的未来和他人的未来。如果总是认为自己的未来比他人的未来更好，就说明人们对自己的未来持有不切实际的乐观。例如，大多数人比他人有更幸福更长寿的人生，这是不可能的。目前，采用这个方法的研究已经得到了大量有力的证据。马库斯和纳瑞斯（Markus & Nurius，1986）的研究中，让研究对象报告自己将来可能会遇到什么，大学生报告自己遇到积极事件的数量是消极事件数量的 4 倍多，并且他们并不能为这些乐观预期提供充足的证据支持。相反，泰勒和布朗（Taylor & Brown，1988）的研究中，让研究对象判断自己将来可能面临的各种消极事件，绝大多数研究对象认为，与他人相比，自己可能不会经历这些消极事件。从概率上看，不可能每个人的未来都比其他人更美好，人们表现出的这种乐观显然就是不切实际的。因此，多数研究者认为，乐观偏差是一种普遍存在的现象并通过各种研究得到证实。总体而言，乐观偏差无论在哪个年龄段、种族和社会层面都是一种普遍存在的现象。

二 大学生群体的乐观偏差状况

以往对乐观偏差的研究表明，乐观偏差有文化上的差异。为在中国文化背景下考察乐观偏差的普遍性并与西方的研究结果进行对比，研究思路一借鉴以往的研究方法，采用问卷调查法，在外显层面上考察了 1090 个大学生在 24 个生活事件（其中 12 个积极事件，12 个消极事件）上的乐观偏差状况，对乐观偏差的测量采用直接比较测量法。调查研究结果表明，大学生在生活事件上存在显著的乐观偏差倾向：在积极事件上，多数研究对象认为自己与其他大学生相比，12 个积极事件更可能发生在自己身上；同时，多数研究对象认为，12个消极事件更可能发生在其他大学生身上。也就是说，大学生认为积极事件更垂青自己，而消极事件更可能光顾他人。这表明，大学生群体同时存在指向自己的Ⅰ型乐观偏差和指向他人的Ⅱ型乐观偏差。值得注意的一点是，这种乐观的信念在个体水平上很难证明是合理的还是不切实际的。因为就某个具体的人而言，在某一事件上表现出超过他人的乐观并不一定是不切实际的。例如，如果一位女士根据其家族健康史和自己的生活方式，认为自己将来患乳腺癌的可能性低于同龄的其他女性，这种优于他人的乐观判断可能是切合实际的。但是，在群体水平上，除非事件可能性的分布极端偏斜，否则，不可能群体中的多数个体经历积极事件的可能性都高于平均水平，或者遭遇消极事件的可能性都低于平均水平。因此，如果某一群体中多数人都认为"好事情更垂青自己，而坏事情更会光顾他人"，则表明在群体水平上这种乐观判断是不现实的或者是有偏差的。因此，乐观偏差是一种在群体水平上普遍存在的现象。乐观偏差的普遍性还体现在，它在人口统计学变量如性别、教育程度等方面并没有体现出显著差异，也就是说，乐观偏差不受性别、教育程度等人口统计学变量的影响。研究思路一的问卷调查对乐观偏差的性别差异比较也表明，乐观偏差在性别上的确没有表现出显著差异。综上所述，乐观偏差是一种普遍存在的现象，样本大学生群体普遍表现出"好事情更垂青自己，而坏事情更会光顾他人"的乐观偏差。

其实，乐观偏差的普遍性是有益的。因为乐观偏差在一定程度上有助于维护人们的身心健康，让人们拥有更多的幸福感。这可以从产生乐观偏差的自我提升动机得到解释。因为人们都喜欢自我感觉良好，并愿意最大程度地体会到自尊。当人们认为好事情更垂青自己，而坏事情更会光顾他人时，就会对自己感觉良好，并能体验到较高程度的自尊。所以，多数人持有这种不切实际的乐观。

第二节　乐观偏差的内隐效应

以往对乐观偏差的测量都是采用自陈量表方式在外显层面上进行。常用的方法是让研究对象将自己与某个参照者或参照群体进行比较，判断自己经历某类事件的可能性，通常有直接比较测量和间接比较测量两种方式。多数乐观偏差的外显测量研究结果表明，人们通常认为"好事情更垂青自己，而坏事情更会光顾他人"，即乐观偏差是一种普遍存在的现象。自陈量表虽然具有可操作性、简便易行、易于解释等优点而被广泛应用，但由于采用自陈方式，无法保证研究对象回答的真实性。另外，由于个体的心理状态是随时变化的，自陈量表的稳定性较差。这也是采用自陈量表问卷调查法一直面临的质疑。研究思路二为弥补自陈量表外显测量的不足，借鉴内隐社会认知研究的观点和方法，考察人们的乐观偏差是否具有自动化、无意识的内隐特点。根据内隐研究的观点，人们可能由于自身内省能力不足，觉察不到某些内隐的过去经验，但这些经验仍然会对人们的行为和决策产生影响。双重态度模型也提出，人们对同一客体可以同时拥有两种不同的态度，即外显的态度系统和内隐的态度系统。外显的态度系统是有意识地、控制地、反思性地、慢速地进行加工，内隐的态度系统是无意识地、自动地、直觉地、快速地进行加工（Cunningham & Zelazo，2007）。据此，个体对将来事件发生可能性的判断，也可能存在外显的态度系统和内隐的态度系统。既然人们能够有意识地认为积极事件更可能发生在自己身上而消极事件更可能发生在他人身上，那么，在无意识水平上可能也会存在这种乐观偏差。

因此，研究思路二借鉴内隐社会认知中的内隐研究范式，采用 IAT 和 GNAT 两种内隐测量方法，在内隐层面上对乐观偏差进行考察。IAT 主要是利用研究对象的快速反应，可以有效降低意识的监控作用，即使研究对象不愿意表露自己内心真实的想法，通过内隐联想测验也可以揭示其真实态度和其他自动化联想。实验 1 用 IAT 测量的结果表明，研究对象对相容归类任务的反应时显著低于不相容归类任务，说明研究对象自动把自我词和积极事件词归为一类，表明研究对象倾向于认为自我词与积极事件词二者的联结更加紧密；相反，研究对象都自动把他人词和消极事件词归为一类，说明研究对象倾向于认为他人词与消极事件词的联结更紧密。GNAT 是在 IAT 研究范式的基础上，采用信号检测论中的辨别力指数，关注反应速度与反应准确性的平衡关系，是对 IAT 的一种改进。实验 2 采用 GNAT 范式进一步在内隐层面上对乐观偏差进行考察。GNAT 测量的结果也表明，自我词与积极事件的内隐联结显著高于他人词与积极事件的内隐联结；他人词与消极事件的内隐联结显著高于自我词与消极事件的内隐联结。另外，自我词与积极事件的内隐联结显著高于自我词与消极事件的内隐联结，他人词与消极事件的内隐联结显著高于他人词与积极事件的内隐联结。由此可以推论，自我与积极事件有较强的内隐联系，他人与消极事件有较强的内隐联系。研究对象倾向于自动将自我与积极事件联系在一起，而将他人与消极事件联系在一起。在与他人比较时，人们在内隐层面上会认为"好事情更垂青自己，而坏事情更会光顾他人"，说明在内隐层面上，研究对象同样也存在Ⅰ型乐观偏差和Ⅱ型乐观偏差。IAT 和 GNAT 的结果共同表明，乐观偏差不仅发生在外在意识层面，还会发生在内隐的无意识层面。伦奇等人（2008）的研究也表明，乐观偏差表现为对事件判断的一种反射性倾向，他们认为因为积极事件激发了积极情绪，人们对积极事件的判断更加迅速，并且认为积极事件更可能发生在自己身上，从而呈现一种自动化的特点。据此，伦奇等人提出，乐观偏差的这种自动化倾向源自人们自动化、内隐的自我中心主义。伦奇等人的研究为乐观偏差的内隐特点提供了一定支持。研究思路二通过两个内隐实验研究证明，乐观偏差不仅是人们有意识的反应，也可能是人们无意识的自动化反应，证实了乐观偏差的内隐效应。

第三节　乐观偏差的影响因素

一　人格因素对乐观偏差的影响

（一）气质性乐观对乐观偏差的影响

有研究提出，积极的想法与高自我效能感和积极的情绪有关（Taylor，1989）。面对未知事件，相比那些一进入情境就认为事情会很糟糕的人来说，相信自己将来会好的个体，更可能表现良好。心理学家根据人们相对恒定的乐观态度的程度，把人们放在一个"乐观—悲观连续体"区间内：在这个连续体内，一端是那些倾向于最乐观地看待生活的人，他们透过"玫瑰色眼镜"乐观地看待世界，总是看到世界美好的方面；另一端是典型的悲观主义者，他们透过"灰色眼镜"悲观地看待世界，总是看到世界糟糕的方面。例如，面对半杯水，乐观者认为，"真好，还有半杯水"，而悲观者认为，"真糟糕，只剩半杯水了"。人们悲观或乐观的程度是较为稳定的，心理学把这个人格特质称为"气质性乐观"。对气质性乐观的程度高低（即乐观者和悲观者）进行比较，研究者发现，乐观主义者有更多的成就。因为乐观主义者会给自

己设置更高的目标，并相信自己能够实现这些目标（Brown &
Marshall，2011；Taylor & Brown，1988）。既然乐观主义者更容易
看到事情积极的方面，悲观主义者更容易关注事情的消极方面，
那么，乐观主义者和悲观主义者在乐观偏差上是否存在差异？为
考察"气质性乐观"这个人格特质对乐观偏差的影响，研究思路
三调查2以547名大学生为研究对象，采用生活事件量表和生活
定向测验（修订版）对这个问题进行了考察。根据研究对象的生
活定向测验得分，把研究对象分为乐观组和悲观组，并对乐观组
和悲观组的乐观偏差进行比较。结果表明，乐观组和悲观组无论
是对积极事件还是消极事件都表现出一定程度的乐观偏差。为什
么悲观者也会表现出一定程度的乐观偏差？虽然人们通常认为悲
观者会透过"灰色眼镜"悲观地看待自己的将来和周围的世界，
但在内心深处，无论是乐观者还是悲观者都不希望不好的事情降
临，因为消极事件总会给人们带来焦虑、恐惧等消极情绪。为降
低消极事件给自己造成的焦虑、恐惧，出于自我保护动机，悲观
者同样不希望消极事件发生在自己身上。也许悲观者不与他人进
行比较，单独看待自己时，会看到消极的一面；但当悲观者与他
人进行比较时，自我保护的动机会激发其表现出一定程度的乐观
偏差。因此，这个结果表明，个体自我保护动机有很大作用，乐
观者、悲观者都会出于自我保护动机，作出积极事件更可能发生
在自己身上而消极事件更不可能发生在自己身上的判断。进化心
理学的研究也表明，自我提升动机具有进化方面的意义，而自我
保护是自我提升动机的一种体现，从进化心理学角度也说明，人
们具有相当强烈的自我保护动机，因此会导致人们（无论是乐观
者还是悲观者）产生一定程度的乐观偏差。所以，悲观者也会希
望消极事件更可能发生在他人身上而非自己身上，从而表现出一
定程度的乐观偏差。进一步对乐观组和悲观组的乐观偏差进行比

较发现，虽然乐观者和悲观者在积极事件和消极事件上都表现出一定程度的乐观偏差，但乐观者的乐观偏差程度显著大于悲观者，说明乐观者通常会透过"玫瑰色眼镜"看待自己的将来和周围的世界，而悲观者在与他人进行比较时，也许会摘下"灰色眼镜"，较为积极地看待自己的将来。但乐观者仍然比悲观者具有更积极的态度，会表现出更大程度的乐观偏差。

（二） 自我效能感对乐观偏差的影响

班杜拉认为，自我效能感是个体对自己完成特定任务能力的自我信念，是一个可靠的预测因素，它可以预测个体执行任务时的动机强弱和任务完成情况。自我效能感无处不在地影响人们的行为选择，如工作努力程度、面对失败和困难时坚持还是放弃，如何应对压力情境、目标设置的高低等。

以往有关自我效能感的研究表明，拥有较高自我效能感的个体面对任务会表现出更正向的态度、更强的动机和更积极的行为表现（Bandura，1997a）。也就是说，人们的自我效能感水平高低可以影响其动机水平高低和面对任务表现出的努力程度。因为高自我效能感的个体相信自己的能力，执行任务时会付出更多的努力，也就越有持久性（Bandura，1988b）。在面对困难时，低自我效能感的个体容易对自身能力产生怀疑，从而降低努力程度，或者过早放弃努力。相反，高自我效能感的个体由于相信自己的能力，在面对困难和挑战时会付出更大的努力迎接挑战。另外，研究还发现，高自我效能感的个体能够更好地解决问题（Bouffard-Bouchard et al.，1991）、更好地坚持锻炼（Desharnais et al.，1986）。不同水平的自我效能感还会影响个体对所处环境的判断，并进一步影响其感受。通常，高自我效能感的个体会有更高水平的自信，对环境有更强的控制感。因此，在面对不确定的环境时，相信自己对环境的控制力，能够控制环境中的潜在威胁，不因信念困扰产生忧虑。相反，那些低自我效能感的个体会倾向于注意自身能力不足，并将许多不确定的环境因素视为威胁，认为自己无法处理环境中的潜在威胁，从而受到干扰并产生较大压力。本书根据自我效能感及乐观偏差的以往研究，假设不同水平的自我效能感会影响个体的乐观偏差，高自我效能感的个体会比低自我效能感的个体表现出更大程度的乐观偏差。据此，研究思路三又以 543 名在校大学生为研究对象，考察了他们的自我效能感水平、乐观偏差状况以及自我效能感对乐观偏差的影响，研究结果证实了研究假设。自我效能感不同的个体对生活事件都表现出一定程度的乐观偏差，但与低自我效能感的个体相比，高自我效能感个体的乐观偏差程度显著更大。以往乐观偏差影响因素的研究表明，当个体对事件有更大程度的控制感时，会表现出更大程度的乐观偏差。自我效能感的研究表明，高自我效能感的个体对自己控制环境中的潜在威胁有更强的自信心，相信自己能够控制环境中的潜在威胁，即对环境有更大程度的控制感。因此，高自我效能感的个体在对消极生活事件发生在自己身上的可能性进行判断时，会认为自己更有能力控制消极事件，相信自己能够努力解决问题，避免消极事件发生在自己身上，从而认为消极事件发生在自己身上的可能性更低，表现出更大程度的乐观偏差。同样，高自我效能感的个体在对积极事件发生在自己身上的可能性进行判断时，由于本身就持有更正向的态度、更积极的行为表现，他们更有信心认为，通过自己的努力，让积极事件发生在自己身上。另外，虽然低自我效能感的个体不具备高自我效能感个体的更强的自信心，但乐观偏差的动机机制有很强的效应。因为从动机的本质来看，人们得出不切实际的乐观结论源自人们愿意得出这样的结论，这样的结论会降低人们面对消极后果的焦虑，能带来心理安慰。因此，在面对消极事件时，由于不想面对消极事件可能造成的后果，低自我效能感的个体会有意歪曲对事件发生可能性的推断，如否认事件发生在自己身上的可能性。另外，认为积极事件更可能发生在自己身上可以维护或者增强自尊。因此，个体出于自我保护动机，会作出消极事件更不可能发生在自己身上的判断。进一步对不同自我效能感个体的乐观偏差程度进行比较分析的结果表明，高自我效能感个体比低自我效能感个体表现出更大程度的乐观偏差，这个结果与以往的研究结果是一致的（Klein，2010）。

二 事件特征对乐观偏差的影响

以往的研究表明，事件特征是影响乐观偏差的一个主要因素，其中可控性和严重性是被研究较多的两个事件特征。以往有关研究多是一些相关研究，只能得出描述性结论，无法进行因果推论。因此，研究思路四通过实验 3 和实验 4 分别考察事件可控性和严重性对乐观偏差的影响，一方面可以与以往的研究结果相互印证，另一方面也可以弥补以往相关研究的不足。

可控性是影响乐观偏差的主要事件特征因素之一。以往的研究表明，无论是积极事件还是消极事件，只要事件被个体视为可控，事件可控性越高，研究对象的乐观偏差程度就越大（Harris，1996；Harris，Griffin，& Murray，2008；Weinstein，1980，1982）。本书研究思路四实验 3 的结果与以往的研究结论是一致的，即研究对象在高可控事件上的乐观偏差程度显著大于低可控事件。而有关事件严重性对乐观偏差的影响研究有两种不同的结论：一种结论是严重事件会导致个体产生更大程度的乐观偏差（Gold，2007；Heine & Lehman，1995；Taylor & Shepperd，1998；Weinstein，1980，1982，1987），另一种是严重事件会降低个体的

乐 观 偏 差 程 度 （Harris， Griffin， & Murray， 2008；Shepperd & Helweg-Larsen， 2001）。本书研究思路四实验 4 的结果支持了第二种观点，即研究对象在低严重事件上的乐观偏差程度大于高严重事件。这是因为，严重事件或有严重后果的事件会让人们产生警觉，而警觉会抑制个体诸如否认等防御机制的作用，从而降低个体的乐观偏差程度（Harris， Griffin， & Murray， 2008）。另外，当个体面对严重事件时，可能会降低自己应付事件能力的估计，相应会降低个体的乐观偏差程度。事件可控性和严重性对个体乐观偏差的影响可以用产生乐观偏差的动机机制进行解释。从产生乐观偏差的动机机制来看，人们面对消极事件时，会因为消极事件的不利后果产生焦虑，为降低焦虑，人们会作出消极事件更不可能发生在自己身上的判断，从而获得内心安慰。另外，研究对象认为消极事件更可能发生在他人而非自己身上，会让研究对象保持一种较强的自尊。这正是乐观偏差的自我提升动机"阴"（自我保护）"阳"（自我提高）两个方面的表现。

从产生乐观偏差的认知机制来看，根据自我中心主义的观点，在比较判断时，人们会更多关注自我信息而较少关注他人信息。个体通常拥有更多有关自己的信息，并因了解自我而更加自信。因此，在进行比较时，与自我有关的信息会更容易提取出来或者自动本能地回忆起来。这也可以用可得性启发式进行解释。根据可得性启发式，人们通常根据客体或事件在知觉或记忆中的可得性程度来评估其发生的相对频率，容易知觉或回想的客体或事件被认为更常出现。例如，对于消极事件，研究对象更容易想到自己可以采取某些措施避免消极事件发生（如经常参加体育锻炼、健康饮食会降低自己患某种疾病的可能性），但会忽略他人也同样采取措施降低消极事件发生的可能性，由此导致乐观偏差。另外，根据锚定和调整启发式，在判断过程中，人们最初得到的信息会产生"锚定效应",人们会参照最初的信息调整对事件的判断。人们在进行比较判断时,由于自我中心主义,倾向于首先想到自我信息,并以此为"锚",而且不会充分调节考虑他人信息(Chapman & Johnson, 1999; Windschitl, Rose, Stalkfleet, & Smith, 2008)。综上可知,在判断时,自我中心主义会导致乐观偏差。根据聚焦主义的解释,人们会集中关注处于焦点位置者的相关信息而不充分考虑非焦点位置者的信息(Windschitl, Conybeare, & Krizan, 2008; Buehler, McFarland, & Cheung, 2005; Windschitl, Kruger, & Simms, 2003)。研究思路四中的研究对象均处于焦点位置,自我信息更可能得到关注。所以,在实验中,研究对象可能会受到自我中心主义的影响,也可能会受到聚焦主义的影响,表现出乐观偏差。总之,当人们觉得事件在自己掌控中时,就会表现出更大程度的乐观偏差;当人们认为消极事件不怎么严重时,其乐观偏差程度也会加大。

三 组织认同对乐观偏差的影响

已有研究表明,在运动比赛和政治选举领域,个体对自己喜爱或所属团队/组织的表现预测是过于乐观的。例如,巴巴德(Babad, 1987)考察了 1000 多名足球迷的预测,发现 93% 的球迷预测其喜爱的球队在比赛中会获胜。另外,研究表明,对自己所属群体表现预测的乐观程度依赖于群体认同水平(Krizan & Windschitl, 2007)。研究思路五实验 5 在组织情境中采用实验法考察了组织认同对乐观偏差的影响,验证组织成员对其所属组织在竞争中获胜的可能性判断情况。通过让研究对象写下所在班级让自己感到骄傲之处,对启动组进行组织认同启动,对未启动组的研究对象直接通过提供阅读材料进行判断。另外,启动组的研究对象还要在材料中通过文字表述强调其对组织获胜的贡献,进一步强化启动组研究对象的组织认同。研究结果表明，启动组与未启动组都表现出一定程度的乐观偏差。但进一步对启动组和未启动组关于本班在竞赛中获胜可能性判断的独立样本 t 检验结果表明，启动组与未启动组的乐观偏差存在显著差异，启动组比未启动组表现出更大程度的乐观偏差。这说明，启动组织认同会影响组织成员对本组织在竞争中获胜的乐观偏差，即组织成员对所属组织的认同会导致更大程度的乐观偏差。

个体倾向于把自己归属为某个组织的成员，这种自我分类激发个体按照组织的利益行事（Ashforth & Mael，1989）。这就是认同，通过认同过程，个体在一种特定关系中进行了自我定义，希望与所属组织建立并维持一种满意的自我定义关系。通过认同过程，人们还可以维持一种社会身份。尽管一些人口统计学特征（如性别、种族、年龄等）也是人们社会身份的一部分，但个体所属组织的社会地位是对人们社会身份更重要的一个影响因素。一般而言，人们都想拥有一个积极的正面形象，通常希望所属组织有更高的地位和价值，从而可以提高作为组织一员的个体的自身价值并增强个体自尊。因此，组织成员通常期望所属组织能够在竞争中获胜，这样可以通过组织的社会地位和价值提升自尊。人们的这种心理可以用组织认同理论来解释，组织认同是一个认知过程，通过这个过程，组织目标和个人目标增强了一致性和适应性。同时，组织认同又是一种心理认同，当个体将组织特征的定义应用于自己的定义时，这种心理现象就发生了。当个体对组织产生认同感时，个体倾向于把自身和所属的群体、组织看成交织在一起的，优缺点、成功失败是共享的，个体和组织成为一个命运共同体（Ashforth，Harrison，& Corley，2008）。通过组织认同，组织成员认为组织的目标就是自己的目标，组织的成败与自己息息相关。当组织成员对所属组织高度认同时，就会把自己当作组织正常运作中的重要一环，愿意为组织目标付出努力。另外，组织的目标达成或成功能够激发组织成员的自尊感和价值感。因此，组织成员会期望所属组织能够在竞争中获胜，并对组织在竞争中获胜的可能性持有不切实际的乐观信念，即认为自己所在组织更可能在竞争中获胜。从产生乐观偏差的自我提升动机来看，对所在组织更高的评价和乐观的期望可以增强个体的自尊。因此，组织认同会导致组织成员对组织的成功形成更大程度的乐观偏差。组织管理者可以利用乐观偏差的积极影响，设置适当的组织目标，进行目标管理，激发组织成员对所属组织的认同，这有助于组织目标的实现。

四　情绪对乐观偏差的影响

情绪与认知不同，它似乎与个体的切身需求和主观态度相联系。情绪与认知是带有因果性质和相伴而生的。情绪可以发动、干涉、组织或破坏认知过程和行为，而对事物的认知评价又可以发动、转移或改变情绪反应和体验。情绪可以影响知觉对信息的选择，监视信息的流动，促进或阻止工作记忆，干涉决策、推理和问题解决。因此，情绪可以驾驭行为，支配有机体同环境相协调，促使有机体对环境信息作出最佳处理。同时，认知加工对信息的评价通过神经激活而诱导情绪。在这样的相互作用中，认知是以外界情境事件本身的意义而起作用，而情绪则以情境事件对有机体的意义，通过体验快乐或悲伤、愤怒或恐惧而起作用。巴特雷认为，记忆是一种想象的再构建。它是由过去经验或活动经过整体聚合而组织的情绪态度所构造，它缺少细节，从而很难确切描述。事件对人的特殊意义在此对记忆有很大影响。由此可以看出，情绪会影响个体的认知过程，影响个体对相关记忆的提取，从而影响个体作出判断和决策。在某种程度上，个体表现的乐观偏差就是个体对积极事件或消极事件发生在自己或他人身上可能性的一种评估和判断。因此，处于某种情绪状态的个体在作出事件发生可能性判断时，必然会受到当时情绪状态或情绪体验的影响，从而表现出一定程度的乐观偏差，这个观点得到了相关研究的支持。

　　以往有关个体情绪状态对乐观偏差影响的研究的确表明，当启动个体去体验消极情绪时，他们比被启动体验积极情绪的个体表现出较小程度的乐观偏差（Drake，1984，1987；Drake & Ulrich，1992；Lench & Ditto，2008）。例如，在德雷克（Drake，1984、1987）和德雷克与乌尔里克（Drake & Ulrich，1992）的三项研究中，研究者诱发情绪采用的方法，是基于大脑半球单侧优势理论，让研究对象把头转向左侧（或右侧）但眼睛凝视右侧（或左侧）前方的方式激活大脑左（右）半球。他们认为，大脑左半球负责处理积极情绪，而大脑右半球处理消极情绪，通过这种方式可以激活研究对象大脑左（右）半球从而产生积极情绪或消极情绪。德雷克（Drake）等人的研究基于生理学依据，对人类大脑的大量研究证明，人类大脑左右半球都发展了一套特异化功能，两半球以不同的方式表征信息。多数个体大脑左半球在语言和言语上有明显的优势，因此大脑左半球擅长处理语言性工作，而且对解释行为、建构有关知觉事件和感觉间关系的理论具有独特能力。另外，大脑左半球对积极情绪更加敏感。大脑右半球的优势表现如面孔识别和注意监控等，即右半球拥有很强的知觉技能，且右半球对消极情绪更加敏感。德雷克（Drake）提出，因为激活左半球与积极情绪有关，而激活右半球与消极情绪有关，结果导致研究对象受到情绪的影响会产生不同程度的乐观偏差。虽然他们的研究得出了不同情绪对乐观偏差产生不同影响的结果，然而，从他们的研究范式看，这种方法是否能够诱发出研究对象相应的积极或消极情绪是令人怀疑的。另外一项考察情绪对乐观偏差影响的研究是伦奇和迪托（Lench & Ditto, 2008）的研究，研究对象在进行乐观偏差判断时，屏幕中会出现随机积极词或消极词，研究对象被告知这是由程序错误导致的，可以忽略这些词。他们的研究结果显示，当屏幕上出现积极词时，研究对象认为自己更可能经历积极事件，即表现出更大程度的乐观偏差，但他们采用的方法是否诱发出研究对象与词语一致的情绪在研究中并没有得到验证。

综上，研究思路六设计了两个实验来启动研究对象的情绪，考察情绪对乐观偏差的影响。总体而言，本书得出的结论与以往的有关研究结论是一致的，积极情绪和消极情绪对乐观偏差会产生不同的影响。在实验6中，通过猜对赢钱和猜错输钱的方法给研究对象创设了获益和损失两种情境。以往的研究表明，研究对象在获益或损失情境下会产生相应的积极或消极情绪。实验6的结果表明，获益情境和损失情境下研究对象都表现出一定程度的乐观偏差，这个结果与以往的研究结论是一致的，即乐观偏差是一种普遍存在的现象。进一步分析表明，在获益情境中产生的积极情绪状态与损失情境中产生的消极情绪状态相比，研究对象表现出更大程度的乐观偏差。在实验7中，采用回忆并写下生活事件诱发情绪的方法，通过这种情绪启动范式创设了不同的情境，诱发研究对象的积极或消极情绪，进而对情绪启动前后研究对象的积极和消极情绪进行比较，结果表明情绪启动效果显著，即研究对象被诱发出相应的积极情绪或消极情绪。不同情绪启动组研究对象在接下来的乐观偏差实验中的表现不同。与实验6的结果一致，积极情绪启动组的研究对象同样表现出显著的更大程度的乐观偏差。这两个实验结果表明，不同情绪对乐观偏差的确会产生影响，这与以往的研究结果是一致的。根据情绪提取的一致性观点，情绪不仅会影响个体对信息的编码，还会影响个体对信息的提取。在信息加工过程中，与个体情绪状态一致的信息更可能被个体提取出来。情绪的一致性提取解释了积极情绪状态下个体的乐观偏差程度更大的原因，积极情绪状态下的个体会更多提取与积极情绪一致的有关自身的积极信息，从而认为消极事件更不可能发生在自己身上或者积极事件更可能发生在自己身上。

第十章　对策建议

　　乐观偏差是一个普遍存在的现象，它的影响体现在各个领域，如健康领域、组织管理领域、经济领域、犯罪领域等等。不管哪个领域，无论是个体，还是行政管理部门，都应该利用乐观偏差的积极作用，让个体、组织、社会都能从中获益。同时，要尽可能降低或者消除乐观偏差的不利影响，创造一个健康安全的生活环境和社会环境，让人们生活更幸福、拥有更多的幸福感。

第一节　健康行为管理

一　健康行为与健康信念

　　很多时候人们的行为受信念的影响。持有健康信念，人们就会采取健康行为或有益于健康的防护行为，避免危险行为。健康行为指个体为预防疾病、保持身体健康所采取的行为，包括很多方面，如改变危害健康的行为（不健康饮食、酒后驾车、作息不规律等）、采取有利于健康的行为（经常参加体育锻炼、驾车系安全带、定期体检等）以及遵从医嘱等行为。随着我国经济的飞速发展和人民生活水平的极大提高，人们越来越注重身体健康，各级政府和部门也开始关注民众的健康教育及健康知识普及和宣传，目的是让人们了解更多健康知识，采取促进健康的行为并养成有益于健康的生活方式。有研究发现，从心理学角度对人们危害健康的行为进行干预，对健康行为的预测和养成有非常重要的意义。

近年来，在公共卫生领域，国内外研究者在健康信念模型的理论基础上开展了大量研究，为公共卫生实践提供了可借鉴的理论依据。健康信念模型（Health Belief Model，HBM）主要用于对人们健康行为的解释和预测，该模型强调，人们是否采取健康行为，主要取决于人们对行为改变的态度和信念（见图1）。健康信念模型提出，有四种信念会影响人们的健康行为。第一是知觉到的疾病易感性，如果人们认为自己很容易受某种疾病的侵害，会更愿意采取健康行为来降低自己患病的可能性。第二是知觉到的疾病严重性，某种疾病对生活影响越严重，人们越愿意采取预防措施。我们的研究也证明，高严重事件会降低人们的乐观偏差程

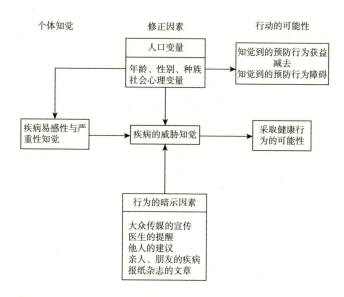

图1 健康信念模型（HBM）

资料来源：Janz，N. K. & Becker，M. H.（1984）．"The Health Belief Model：A Decade Later."*Health Education Quarterly*。

度。这与健康信念模型的观点是一致的。第三是知觉到行为改变带来的好处。通常，人们更愿意采取能够给自己带来益处的行为。因此，当人们发现采取健康行为有益于自己的身体健康时，就会更多采取健康行为。第四是知觉到的行为改变障碍。如果人们认为从已形成的行为习惯转变为另一种行为有很大难度，往往会放弃行为改变。

二 乐观偏差对健康信念的影响

根据乐观偏差的有关研究，如果个体对危险事件持有不切实际的乐观态度，就会忽视危险事件带来的危害，也不会积极采取预防措施避免可能的危害，这是乐观偏差对人们消极影响的体现。乐观偏差对个体的消极影响在健康领域尤其值得注意。在某种程度上，乐观偏差会影响人们对健康知识的关注、接受和采纳。因为人们往往觉得危害健康的事情更不可能发生在自己身上，就会认为没有必要关注健康知识及危险预防方面的信息。从健康信念模型可知，人们对疾病易感性、严重性的知觉，也是健康情境中对乐观偏差产生影响的因素。人们对健康行为的这四种信念会受社会、经济和人口等因素的影响。例如，如果个体身边的某个亲朋好友得过某种疾病，就会给个体提供活生生的例子，对个体有一定的警醒作用。另外，媒介的作用也不容忽视。现在人们可以通过越来越多的方式获取各种健康知识，尤其是随着互联网的飞速发展，网络对人们的影响越来越大。因此，有关部门可以借助网络对人们尤其是青少年的影响扩大健康行为宣传，增强人们采取健康行为的信念，重视危险行为预防，进而更多采取健康行为，最终降低人们对威胁健康事件的乐观偏差。

三 促进个体健康行为的管理措施

综上所述，对健康行为的管理可以从两个方面进行，一个方

面是个体自身采取的健康行为管理，另一个方面是相关管理部门
对公众健康行为的管理。从个体来说，重要的是让个体自身具有
健康信念，从而愿意采取某些健康行为，愿意从各种途径了解更
多健康知识，愿意为自身健康避免从事危险行为或采用预防措
施，以降低或避免遭遇危险的可能性。例如，驾车时系安全带，
严格遵守交通规则。在生活中健康饮食，经常参加体育锻炼，定
期体检，积极关注各方面的健康信息，等等。从管理部门来说，
有关部门在宣传健康知识时，应该注意乐观偏差的影响因素，让
公众知晓对危险事件持有不切实际的乐观会面临不利甚至严重后
果。在宣传形式上，要善于利用各种大众传媒尤其是目前越来越
有影响力的网络力量，形式灵活多样。在宣传内容上，一定注意
那些可能导致人们对消极事件产生更大程度乐观偏差的影响因
素，宣传内容选择要尽可能避免或消除这些因素。在宣传对象
上，要特别关注对青少年群体健康行为相关知识的宣传。青少年
处于身心快速发展阶段，由于他们生理和心理的特殊性，容易受
到外界的影响，更容易受乐观偏差影响作出不利于健康的行为，
如吸烟、无保护性行为、不健康饮食等。有关部门要根据青少年
的特点，在宣传内容和形式上加强针对性，让青少年乐于接受各
种健康知识，形成健康信念，健康成长。有关部门在进行健康知
识或预防知识宣传时，可以根据事件特征对乐观偏差的影响，精
心安排信息传达方式，强化人们对宣传内容的关注度和接受度，
避免乐观偏差导致人们对健康知识和预防知识的忽视和否认。例
如，众所周知，快餐是一种高热量低营养的食品，过多摄取快餐
食品对人们的健康是不利的。但是，快餐连锁店在中国越来越
多，说明越来越多的人尤其是少年儿童喜欢快餐食品，过多摄取
快餐食品不仅容易导致肥胖问题，而且会使人体的营养摄入不均
衡，不利于少年儿童的健康成长。因此，少年儿童对快餐食品的

偏爱越来越受到人们尤其是父母的关注，有关部门也在宣传过多摄取快餐食品的不利影响，提倡健康合理饮食。但有的宣传并没有达到理想效果，原因可能是多方面的。我们认为，这可能与人们在消极事件上不切实际的乐观有一定关系。例如，如果宣传材料中只强调快餐食品会导致肥胖问题，人们很容易在头脑中浮现一个肥胖者的形象，如果个体认为自己与这个形象相去甚远，就会认为快餐食品会导致其他人肥胖，并不重视这方面的宣传。以往的研究表明，事件原型的显著性会影响人们的乐观偏差程度。当某个消极事件有极其显著的易感性原型，人们在进行判断时就容易提取这个易感性原型，并认为自己与这个原型相去甚远，就容易产生更大程度的乐观偏差。另外，人们会觉得饮食是一件自己完全可以控制的事情。根据以往的研究，高可控事件会导致人们更大程度的乐观偏差，当人们认为自己能够控制快餐食品的不利影响时，就会忽视其不利影响。因此，有关部门在宣传时要尽量弱化人们对典型肥胖者形象的提取，从其他方面强化人们对快餐食品不良影响的知觉，从而降低人们的乐观偏差，重视饮食健康，以达到有效的宣传效果。

第二节　组织目标管理

一　组织目标及目标设置

在管理中，组织目标的设定，具有战略性和经济性两个方面的重要含义。根据巴纳德（Barnard）的组织理论，组织目标是正式组织的三个要素之一，而且是其中最根本的要素。组织目标就是一个组织的宗旨或纲领，具体而言，指一个组织在未来一段时间内力图实现的目的。它既是组织管理者和组织成员的行动指南，为管理者和成员指明了行动的方向，也是组织进行决策、绩效评估和管理的基本依据。目标设置是指通过把个体、团队、部门和组织所期望达到的结果具体化，从而提高其活动效率和效用的过程。正如组织要努力达到一定目标一样，组织成员也在激励作用下努力实现目标。在一定程度上，组织目标的实现靠的是组织内每一个成员的努力，以及每一个成员为达成工作目标而实现的。因此，洛克（Loke）和拉瑟曼（Latham）提出，一个好的目标对人们完成一项任务会产生重要影响，也会影响个体实现个人目标的信心。由此可以看出，目标设置对组织和成员而言都是非常重要的。据此，洛克和拉瑟曼提出了一个目标设置理论，该理论的基本思想是，目标可以成为一个激励的来源，因为目标能使成员对自己执行任务的能力与成功达成目标所需要的能力进行比较。对某些成员而言，如果他们觉得自己与目标有一定差距，会愿意更努力地实现目标，但努力的前提是他们相信自己付出努力后能够实现目标。因此，一个好的目标设置通常可以提高组织成员的绩效，通过目标设置能够让个体明确知道自己期望达到的绩效水平。另外，如果组织管理者能够设置一个好的组织目标，就能促使组织成员将组织目标视为个人目标，从而愿意为组织目标的达成而努力。组织管理者在设置目标时，如果能够很好地整合组织内部和外部环境的要求，把目标设定为既能体现组织的主体性又是组织追求的标志，在一定程度上，这就是一个好的目标，它对组织和组织成员而言都具有非常重要的价值。

二　组织目标设置的管理措施

在组织管理领域，管理者设置目标可以利用乐观偏差的积极作用以及组织成员对组织的认同，设置一种略高于组织成员目前能力但通过努力可以实现的目标。以往的研究表明，有一定程度乐观偏差的个体，在面对任务时有更强的成就动机和更强的持续性，他们愿意为实现目标付出更大的努力。组织在设置目标时要尽可能让组织成员乐于接受，甚至视其为个人目标。如果鼓励员工参与目标设置，一方面可以让员工更容易接受目标，另一方面也可以通过这种方式增强员工对组织的认同，激发员工与组织目标休戚与共的信念，有助于组织目标的实现。当个体对组织产生认同感时，个体会倾向于把自身和自己所属的群体、组织看成交织在一起，优缺点、成功失败共享，个体和组织成为一个命运共同体（Ashforth，Harrison，& Corley，2008）。通过组织认同，组织成员认为组织的目标就是个人的目标，组织的成败与自己息息相关。但是，对组织管理者而言，仅仅设置一个好的组织目标是不够的，在目标设定后还需要对目标进行管理，以促进目标的顺利实现。现代管理学之父彼得·德鲁克（1954）在其《管理的实践》一书中首次提出了目标管理概念，并建构了目标管理的理论体系。德鲁克认为，目标管理就是管理目标，就是根据目标进行管理。目标管理的精髓在于，管理者要尽力让组织成员产生共同的责任感并促进团队合作。

对于目标管理的原则，德鲁克认为，管理者要在组织中确定共同的愿景，并对组织成员的个人目标与组织目标进行调和，尽可能让组织和成员共同获益，这样才能使组织目标更易于为成员接纳。根据德鲁克的观点，组织建立共同愿景的一个目的就是激发组织成员对组织的认同感。德鲁克还提出，管理主要受组织文化的影响。因此，创建一种强有力的组织文化对组织目标设置和目标管理是非常必要的。组织行为学将组织文化定义为由组织成员的态度、价值观、行为准则以及共同愿景构成的认知体系（杰拉尔德·格林伯格、罗伯特·A. 巴伦，2005）。组织文化为成员提供了一种身份感，组织文化中的共同愿景和价值观体现越清晰，组织成员与组织目标保持越高程度的一致性，越会视自己为其中的重要一员。也就是说，好的组织文化可以激发员工对组织目标的献身精神。综上所述，组织文化对组织成员以及整个组织的运作都有广泛的影响力。强有力的组织文化能够增强成员对组织的认同感，激发员工对组织目标的献身精神。研究思路五的结果表明，组织认同的确能够增强组织成员对组织竞争结果的乐观期望，尽管这种乐观期望不一定是切合实际的。但是，组织成员对组织竞争结果这种不切实际的乐观期望在某种程度上能够增强组织成员对组织积极乐观的信念，从而愿意为组织目标的实现付出更多的努力，有更强的持续性，有助于组织目标的实现。另外，多数人都想拥有一个积极的正面形象，人们通常希望自己所在的组织有更高的地位和价值，从而提高作为组织成员的个体自身价值并增强自尊感。因此，组织成员通常期望所属组织能够在竞争中获胜。可以看出，组织的成功和目标实现能够增强成员的自尊心和自豪感，反过来会促使成员对组织有更强的认同感和更多的承诺，愿意为组织目标的实现付出更多的努力，这样可以形成一种良性循环，对组织和个人都是有益的，能够促进组织和个人的共同发展和进步。因此，组织管理者在目标设置和目标管理过程中，可以利用组织成员对组织持有的乐观信念促进组织目标的实现，即使这种乐观信念在某种程度上不一定切合实际。研究表明，乐观偏差有积极作用。例如，乐观偏差与个体更高的成就动机、更强的任务持久性、更高的绩效水平呈正相关，并最终促进个体取得更大的成功（Coelho，2009）。组织管理者可以利用乐观偏差的积极影响，通过设置合理的组织目标，进行科学有效的目标管理，从而促进组织目标的实现。

第三节　认识和调节自己的情绪

根据以往的研究结果，当个体被启动去体验消极情绪时，他们比被启动体验积极情绪的研究对象表现出较小程度的乐观偏差（Drake，1984，1987；Drake & Ulrich，1992；Lench & Ditto，2008）。还有研究表明，焦虑会抑制研究对象的乐观偏差，焦虑尤其会对可控事件和有严重后果事件的乐观偏差产生抑制（Shepperd & Helweg-Larsen，2001）。情绪对个体的影响不仅体现在乐观偏差这一方面，从心理学角度看，情绪是人脑的高级功能，是人类生存适应的首要心理手段。它是个体个性的核心内容，也是控制疾病、维护心理健康的一个关键因素。情绪是人类进化过程的产物，它具有适应、动机、组织和社会功能。因此，帮助人们更好地认识和了解自己的情绪，面对各种情绪要学会恰当调节，对个体的身心健康有积极的促进作用。

一 认识情绪

"人非草木，孰能无情。"人类的生活中充满了情绪，正是因为这些不同情绪的存在，人们的生活才有丰富多彩的感受，也让个体形成了纷繁复杂的心理世界。由于情绪的复杂性，有关情绪的概念至今未形成一致意见，但需要是情绪产生的重要基础，是心理学家一致认可的。当客观事物或情境符合个体的需要时，个体就会产生积极的、肯定的情绪。例如，找到兴趣相投的知心伴侣个体会感到幸福。反之，当客观事物或情境不符合个体的需要时，个体就会产生消极的、否定的情绪。例如，失去至亲至爱的个体会悲痛欲绝，等等。

情绪有许多分类标准，通常人们熟悉的是基本情绪分类，即把基本情绪分为积极情绪和消极情绪两类。积极情绪是与接近行为相伴而生的情绪，而消极情绪是与回避行为相伴而生的情绪。一般认为积极情绪有支持应对、缓解压力和恢复被压力所消耗的资源这三个重要功能。例如，福瑞迪克森（Fredrickson，1998）

提出，积极情绪能拓宽注意范围、提高行动效能，有助于机体获得身体、智力和社会资源。另外，积极情绪还能促进高效率地思考和解决问题，对个体的社会行为有积极作用，如改善人际关系和社会关系等。因此情绪是人们与环境间某种关系的维持或改变，情绪是一种不断被个体所唤起和体验的状态，情绪的唤起有时人们可以意识到，有时是无意识的。消极情绪是指生活事件对人的心理造成的负面影响，如痛苦、悲伤、愤怒、恐惧等。适度的消极情绪有时对个体是有益的。例如，适度的焦虑情绪可以促进个体大脑和神经系统等张力增加，从而让个体的思考更亢进，反应速度加快，能够提高个体的工作效率和学习效率。但是，如果个体长期处于强烈的消极情绪状态，就会对个体的身心健康造成损害。过于强烈和持久的消极情绪会抑制个体大脑皮层的高级心智活动，使人的认知范围缩小、意识狭窄，从而无法正确评价自己行为的意义及后果，导致工作效率和学习效率降低。另外，如果心理适应能力较差的个体长期处于消极情绪状态，没有得到及时疏导或缓解，还会引起相应的心理疾病。因此，帮助人们学会情绪调节，让个体的情绪处于适度状况是很有必要的。

二　情绪调节

（一）什么是情绪调节

个体的情绪反应有时与生活环境的变化协调一致，有时又与个体的生活环境产生矛盾，与特定的生活情境不相适应，这就需要个体进行情绪调节以适应生活环境。人们也逐渐认识到情绪调节在人类自身发展中的作用，特别是对个体认知活动效果的作用（Ashby，Isen & Turken，1999）。越来越多的研究证实，情绪调节对注意、记忆、认知、动机等过程有重要影响（李静、卢家楣，2007）。情绪调节研究最早出现于 20 世纪 80 年代的发展心理学。

在发展心理学中，情绪调节被视为个体生命连续发展的核心动力。情绪调节既是人类早期社会发展的重要方面，也是个体适应社会生活的关键机制。由于情绪具有组织功能，可以对其他诸如认知、行为等心理活动以及情绪本身产生驱动或干扰作用，情绪必然是一个需要经常调节的对象。有关情绪调节的定义，目前尚未形成统一观点。有学者认为，情绪调节指的是"个体对具有什么样的情绪、情绪什么时候发生、如何进行情绪体验与表达施加影响的过程"（Gross，2001）；有研究者认为，"情绪调节是个体为完成目标而进行的监控、评估和修正情绪反应的内外在过程"（Thompson，1994）；还有人认为，情绪调节是"抑制、加强、维持和调整情绪唤醒，来实现个人目标的能力"（Eisenberg et al.，1997）。从上述有关情绪调节的概念可以看出，情绪调节是指个体通过一定的策略和机制，管理和改变自己情绪的过程。人们在现实生活中产生的情绪，无论是积极的还是消极的，都需要进行调节。

（二）情绪调节的策略

在情绪产生的过程中，个体进行情绪调节的策略很多，一个成熟的个体会根据现实生活情境，选择适当的方式来调节自己的情绪。

1. 情境选择策略（情绪中心应对策略）

情境选择策略也叫回避或接近策略，它主要通过个体选择有利情境、回避不利情境来实现。研究表明，儿童很早就开始运用这种策略来调节自己的情绪。例如，会爬行或走路的婴儿已经会采取回避或接近对方来调节自己的情绪。弗洛伊德曾经提出，"人都有趋利避害的本能"。因此，情境选择策略反映了个体的这种本能，人们通过回避产生消极情绪的不利情境从而避免让自己产生消极情绪。同样，人们愿意待在让自己产生积极情绪的有利环境中体验愉悦的积极情绪。相对而言，情境选择策略是一种比较简单易行的情绪调节策略，但要注意，这种策略对情绪的调节仅仅是暂时的。

2. 控制和修正策略（问题中心应对策略）

控制和修正情绪事件是通过改变情境中各种不利情绪事件实现的，情绪调节者试图通过控制情境来控制情绪的过程或结果。具体是指个体努力改变情境，通常是通过采取问题解决策略来调节自己的情绪。与情境选择策略相比，控制和修正策略是一种更为积极的策略，它是一种促进问题解决的情绪调节策略。当个体处于一种导致自己产生某种消极情绪的情境时，个体并非简单离开这种情境，而是思考如何改变所处的情境从而改变自己产生的情绪。因此，个体采取的是一种积极解决问题的方式，这种策略能够从根本上更好地调节自己的情绪。

3. 认知重评策略

认知重评即认知改变，指个体改变对情绪事件的理解和看法，改变情绪事件对个人意义的认识。认知重评主要针对消极情绪事件，主要是个体通过以一种更加积极的方式理解使人产生挫折、愤怒、悲伤等消极情绪的事件，或者对情绪事件进行合理化评价。根据艾利斯提出的情绪失调"ABC 理论"，导致个体产生各种不良情绪的根源并非各种情绪事件或情境，而是个体对此情绪事件或情境的看法、解释和评价。按照 ABC 理论的解释，人们极少能够纯粹客观地知觉和经验情绪事件或情境，人们总是带着或根据大量的已有信念、期待、价值观、意愿、欲求、动机、偏好来评价情绪事件或情境。因此，关于情绪事件或情境的经验总是主观的，因人而异。所以，只有当个体能够重新客观地认识和评价导致自己产生情绪的情绪事件或情境，才能改变最初产生的情绪。认知重评不需要耗费个体较多的认知资源，将产生积极的情感和社会互动结果，是一种有益的情绪调节方式。

实际上，在现实生活中，一个成熟的个体还会选择更多方式调节自己的情绪，如改变生活方式、活动方式、体育锻炼方式、倾诉方式等等。总体而言，情绪调节是为促使个体在情绪唤醒情境中保持功能上的适应状态，使情感表达处于适当状态，且在灵活变动的范围，帮助个体拥有适度的情绪体验，这有助于个体提高工作和学习效率，并促进个体的身心健康。个体能够在不同情境中采取恰当的情绪调节策略把自己的情绪调节到适度水平，可以避免个体受不良情绪的影响，使认知判断不受或者少受不良情绪的影响，以免作出不切实际的判断。

结　语

当然，有关乐观偏差的研究并不仅限于上述内容涉及的领域，本书所涉及的也仅仅是乐观偏差研究中的一小部分，还有其他领域是将来研究的方向。例如，大量研究表明，人们普遍存在乐观偏差，这种期望偏差既是对未来生活充满希望的期待，又是一种不切实际的错误认知判断。但由于个体差异和个体的复杂性，以往有关乐观偏差的研究是在群体水平上对乐观偏差的考察。确定群体中具体个体的乐观偏差也是很有必要的，虽然对个体乐观偏差的考察有很大难度，但这是今后研究应该努力的方向。

尽管多数研究认为乐观偏差是一个普遍现象，但也有研究表明，人们在某些事件上存在悲观偏差（Mansour, Jouini, & Napp, 2006）。有研究者提出，乐观偏差和悲观偏差可能是一个连续体的两端。因此，将来的研究可以考虑把乐观偏差和悲观偏差联系起来共同探讨，可以比较二者存在哪些相同或不同的心理机制。

另外，近年来，心理现象认知神经机制是心理学研究的一个热点，也是研究方法更先进和科学的一种表现。已有研究者对乐观偏差的脑机制采用 fMRI、TMS 等技术进行了研究，并得出了相关结论。运用 fMRI 对乐观偏差的研究发现，乐观偏差的神经机制主要涉及的脑区包括前扣带皮质和杏仁核、前额叶、多巴胺等。这些研究结果为乐观偏差的神经机制研究提供了一定研究依据。目前，国内有关乐观偏差的神经机制研究较少，这也是今后研究的方向之一。

通常情况下，人们都会期待美好的未来。因此，每个人多少都有点乐观偏差，认为自己的未来更有可能朝着积极而非消极的方面发展。乐观偏差虽然不能让人们精确地感受未来的痛苦和艰险，甚至对未来产生乐观偏差有一定危险性，可能导致投资失败、不健康的生活方式以及不完美的计划，但也能让人们更加放松地面对未来、看待人生的选择。人们总是畅想孩子未来的生活会多么美好，自己如何找到真爱和快乐，人们会想象所在的组织会优于其他组织，幻想自己的投资回报丰厚，拥有的资产不断增值。即使在艰难时刻，人们的直觉也会告诉自己，一定能挺过去，"雨过天晴，看见彩虹"。

当然，人的大脑并不仅仅充满积极想法，也容得下消极想法。人们会担忧爱人会变心，担心家人的健康，担心自己的工作没有光明的前途。不过，调查显示，多数人思虑消极事件的时间要比积极事件的时间短。人类的大脑进化成过于积极地预测未来对人类的生存和进步是有益的。人们的期待通常也不是天马行空、荒诞至极的，期待只不过是比未来的结果稍好一些。总体来说，乐观偏差是有益的，它会减少生活给人们造成的紧张和不安，身心健康水平提高了，行动和追求成效的动力也增强了。要不断取得进步，我们需要相信那些更好的事情会在未来发生。

参考文献

主要中文参考文献

期刊类

蔡华俭：《Greenwald 提出的内隐联想测验介绍》，《心理科学进展》2003 年第 3 期。

岑延远：《解释水平视角下的乐观偏差效应》，《心理科学》2016 年第 3 期。

陈静、蒋索、陈月凤：《艾滋病健康知识教育对收容教育女性艾滋病乐观偏差的效果评价及启示》，《中国医学伦理学》2009 年第 5 期。

陈瑞君、秦启文：《乐观偏差研究概况》，《心理科学进展》2010 年第 11 期。

陈瑞君、秦启文、王晓刚、傅于玲、杨帅：《乐观偏差的内隐效应》，《心理科学》2013 年第 2 期。

陈启山：《内隐社会认知研究述评》，《心理研究》2009 年第 6 期。

陈增鹏、袁丹、邓科穗：《不同情绪状态下的乐观偏差》，《南昌师范学院学报》（社会科学版）2018 年第 5 期。

程乐华、曾细花：《青少年学生自我意识发展的研究》，《心理发展与教育》2000 年第 1 期。

高平：《对中学生自我意识发展水平的调查分析》，《天津师范大学学报》（基础教育版）2001 年第 3 期。

贺雯、梁宁建：《态度内隐测量方法的发展与探索》，《心理科学》2010 年第 2 期。

靳雪征：《健康信念理论的建立和发展》，《中国健康教育》2007 年第 12 期。

冷玲莉、方丹、罗楚华、廖秋兰、王蕾、杨韶刚：《事件不愉悦度对非现实性乐观主义的影响》，《心理研究》2008 年第 6 期。

李静、卢家楣：《不同情绪调节方式对记忆的影响》，《心理学报》2007 年第 6 期。

刘肖岑、桑标、窦东辉：《自我提升的利与弊：理论、实证及应用》，《心理科学进展》2011 年第 6 期。

罗扬眉：《时间自我态度的外显和内隐测量》，2010 年西南大学硕士学位论文。

沈潘艳、辛勇、田剑锋：《汶川地震后大学生对自然灾害的乐观偏差》，《扬州大学学报》（高教研究版）2010 年第 3 期。

汤冬玲、董妍、俞国良、文书锋：《情绪调节自我效能感：一个新的研究主题》，《心理科学进展》2010 年第 4 期。

陶沙：《乐观、悲观倾向与抑郁的关系及压力、性别的调节作用》，《心理学报》2006 年第 6 期。

滕召军、刘衍玲、刘勇、翟瑞：《乐观偏差的认知神经机制》，《心理科学进展》2014 年第 1 期。

温娟娟、郑雪、张灵：《国外乐观研究述评》，《心理科学进展》2007 年第 1 期。

温娟娟、佐斌：《评价单一态度对象的内隐社会认知测验方法》，《心理科学进展》2007 年第 5 期。

王炜、刘力、周佶、周宁：《大学生对艾滋病的乐观偏差》，《心理发展与教育》2006 年第 6 期。

熊恋、凌辉、叶玲：《青少年自我概念发展特点的研究》，《中国临床心理学杂志》2010 年第 9 期。

杨娟：《高自尊异质性现象与自尊的神经机制研究》，2009 年西南大学博士学位论文。

尹天子、顾小雅、陈庆菊、吴倩：《提示现实因素对乐观偏差的影响机制初探》，《贵州师范大学学报》（自然科学版）2017 年第 6 期。

尹天子、黄希庭：《保护因素和风险因素提示对乐观偏差的影响》，《心理学探新》2017 年第 5 期。

于国庆、杨治良：《自我控制的内隐效应研究》，《心理科学》2008 年第 3 期。

张珂、张大均：《内隐联想测验研究进展述评》，《心理学探新》2009 年第 4 期。

张莉、傅小兰、孙浩宇：《判断偏差分析的认知—生态取样途径》，《心理科学进展》2003 年第 6 期。

张姝玥、蒋钦、谢丹菊：《大学生对一般生活事件和意外事故的乐观和悲观偏差估计：直接和间接测量的比较》，《心理科学》2013 年第 2 期。

张莹瑞、佐斌：《社会认同理论及其发展》，《心理科学进展》2006 年第 3 期。

周国梅、荆其诚：《心理学家 Daniel Kahneman 获 2002 诺贝尔经济学奖》，《心理科学进展》2003 年第 1 期。

周宗奎、刘丽中、田媛、牛更枫：《青少年气质性乐观与心理健康的元分析》,《心理与行为研究》2015 年第 5 期。

专著类

伯格:《人格心理学》(第 6 版),陈会昌等译,中国轻工业出版社,2004。

黄希庭:《黄希庭心理学文选》,西南师范大学出版社,2000。

黄希庭:《人格心理学》,浙江教育出版社,2002。

杰拉尔德·格林伯格、罗伯特·A. 巴伦:《组织行为学》,江苏教育出版社,2005。

江光荣:《心理咨询点理论与实务》(第 2 版),高等教育出版社,2015。

孟昭兰主编《情绪心理学》,北京师范大学出版社,2007。

彭聃龄主编《普通心理学》,北京师范大学出版社,2013。

纽曼等:《发展心理学》,白学军等译,陕西师范大学出版社,2005。

乔纳森·布朗:《自我》,陈浩莺等译,人民邮电出版社,2004。

塔利·沙罗特(Tali Sharot):《乐观的偏见(激发理性乐观的潜在力量)》,中信出版社,2013。

托马斯·吉洛维奇等:《吉洛维奇社会心理学》,周晓虹等译,中国人民大学出版社,2009。

K. T. Strongman:《情绪心理学——从日常生活到理论》(第 5 版),王力主译,中国轻工业出版社,2006。

主要外文参考文献

Alarcon, G. M., Bowling, N., & Khazon, S. (2013).

"Great Expectation: A Meta-Analytic Examination of Optimism and Hope", *Personality and Individual Differences*, 54, 821-827.

Albert, S., & Whetten, D. A. (1985). "Organizational Idental". *Research in Organizational Behavior*, 7, 263-295.

Alicke, M. D. (2009). "Self-enhancement and Self-protection: What They are and What They do". *European Review of Social Psychology*, 20, 1-48.

Alloy, L. B., & Ahrens, A. H. (1987). "Depression and Pessimism for the Future: Biased Use of Statistically Relevant Information in Predictions for Self and Others". *Journal of Personality and Social Psychology*, 52, 366-378.

Armor, D. A. & Taylor, S. E. (1998). "Situated Optimism: Specific Outcome Expectancies and Self-regulation". *Experimental Social Psychology*, 30, 309-379.

Armor, D. A., Massey, C., & Sackett. (2008). "Prescribed Optimism. Is It Right to be Wrong about the Future"? *Association for Psychological Science*, 19, 329-331.

Arnett, J. J. (2000). "Optimistic Bias in Adolescent and Adult Smokers and Nonsmokers". *Addictive Behaviors*, 25, 625-632.

Ashby, F. G., Isen, A. M., & Turken, A. U. (1999). "A Neuro Psychological Theory of Positive Affect and Its Influence on Cognition". *Psychological Review*, 106, 529-550.

Ashforth, B. E., & Mael, F. (1989). "Social Identity Theory and the Organization". *Academy of Management Review*, 14, 20-39.

Ashforth, B. E., Harrison, S. H., & Corley, K. G. (2008). "Identification in Organizaitions: An Examination of Four Fundamental Questions". *Journal of Management: Official Journal of the*

Southern Management Association, 34, 325-374.

Babad, E. (1987). "Wishful Thinking and Objectivity among Sports Fans". *Social Behaviour*, 2, 231-240.

Bandura, A. (1977). "Self-efficacy: Toward a Unifying Theory of Behavioral Change". *Psychological Review*, 84, 191-215.

Bandura, A. (1983). "Self-efficacy Determinants of Anticipated Fears and Calamities". *Journal of Personality and Social Psychology*, 45, 464-469.

Bandura, A. (1988b). "Perceived Self-efficacy: Exercise of Control Through Self-belief". *Annual Series of European Research in Behavior Therapy*, 2, 27-59.

Bandura, A. (1991). "Social Cognitive Theory of Self-regulation". *Organizational Behavior and Human Decision Processes*, 50, 248-287.

Bandura, A. (1997a). *Self-efficacy: The Exercise of Control.* New York: Freeman.

Barnard, C. I. (1938). *The Functions of the Executive*, 30th *Anniversary ed.* Cambridge, MA: Harvard University Press.

Bar-Anan, Y., Liberman, N., & Trope, Y. (2006). "The Association between Psychological Distance and Construal Level: Evidence from AnImplicit Association Test". *Journal of Experimental Psychology: General*, 135, 609-622.

Bargh, J. A., & Ferguson, M. J. (2000). "Beyond Behaviorism: On the Automaticity of Higher Mental Proeesses". *Psychological Bullerin*, 126, 925-945.

Barron, G. & Yechiam, E. (2009). "The Coexistence of Overestimation and Underweighting of Rare Events and the

Contingent Recency Effect". *Judgment and Decision Making*, 4, 447–460.

Beer, J. S., & Hughes, B. L. (2010). " Neural Systems of Social Comparison and the ' Above-Average' Effect". *NeuroImage*, 49 (3), 2671–2679.

Blair, K. S., Otero, M., Teng, C., Jacobs, M., Odenheimer, S., Pine, D. S., & Blair, R. J. R. (2013). "Dissociable Roles of Ventromedial Prefrontal Cortex (vmPFC) and Rostral Anterior Cingulate Cortex (rACC) in Value Representation and Optimistic Bias". *NeuroImage*, 78, 103–110.

Blanton, H., Pelham, B. W., DeHart, T., & Carvallo, M. (2001). " Overconfidence as Dissonance Reductin ". *Journal of Experimental Social Psychology*, 37, 373–385.

Bouffard-Bouchard, T., Parent, S., & Larivée, S. (1991). "Influence of Self-efficacy on Self-regulation and Performance among Junior and Senior High-school Age Students". *International Journal of Behavioral Development*, 14, 153–164.

Bradley, M. M., & Lang, P. J. (2000). " Measuring Emotion: Behavior, Feeling, and Physiology". In R. Lane & L. Nadel (Eds.), *Cognitive Neuroscience of Emotion* (pp. 242–276). New York: Oxford University Press.

Bradley, M. M., & Lang, P. J. (2007). " Emotion and Motivation. In J. T. Cacioppo, L. G. Tassinary, & G. Berntson (Eds.), *Handbook of psychophysiology* (3rd ed.,), 581–607.

Bränström, R., Kristjansson, S., & Ullén, H. (2005). "Risk Perception, Optimistic Bias, and Readiness to Change Sun Related Behaviour". *European Journal of Public Health*, 16, 492–497.

Brown J. Marshall M. (2001). Great Expectations: Optimism and Pessimism in Achievement Settings. pp. 239-255 in Optimism and Pessimism: Implications for theory, research, and practice, Washington: APA.

Buehler, R. & Griffin, D. (2003). "Planning, Personality, and Prediction: The Role of Future Focus in Optimistic Time Predictions". *Organizational Behavior and Human Decision Processes*, 92, 80-90.

Buehler, R., Messervey, D., & Griffin, D. (2005). "Collaborative Planning and Prediction: Does Group Discussion Affect Optimistic Biases in Time Estimation"? *Organizational Behavior and Human Decision Processes*, 97, 47-63.

Buehler, R., McFarland, C., & Cheung, I. (2005). "Cultural Differences in Affective Forecasting: The Role of Focalism". *Personality and Social Psychology Bulletin*, 31, 1296-1309.

Burger, J. M. & Palmer, M. L. (1992). "Changes in and Generalization of Unrealistic Optimism Following Experiences with Stressful Events: Reactions to the 1989 California Earthquake". *Society for Personality and Social Psychology*, 18, 39-43.

Camerer, C., & Lovallo, D. (1999). "Overconfidence and Excess Entry: An Experimental Approach". *The American Economic Review*, 89, 306-318.

Campbell, J., Greenauer, N., Kristin, M.. & End, C. (2007). "Unrealisticoptimism in Internet Events". *Computers in Human Behavior*, 23, 1273-1284.

Carmon, Z., & Ariely, D. (2000). "Focusing on the Forgone: How Value Can Appear so Different to Buyers and Sellers".

Journal of Consumer Research, 27, 360-370.

Carmon, Z., Wertenbroch, K., & Zeelenberg, M. (2003). "Option Attachment: When Deliberating Makes Choosing Feel Like Losing". *Journal of Consumer Research*, 30, 15-29.

Chambers, J. R. (2007). "Explaining False Uniqueness: Why We are Both Better and Worse than Others". *Social and Personality Psychology Compass*, 2, 878-894.

Chambers, J. R., & Suls, J. (2007). "The Role of Egocentrism and Focalism in the Emotionintensity Bias". *Journal of Experimental Social Psychology*, 43, 618-625.

Chambers, J. R., Windschitl, P. D., & Suls, J. (2003). "Egocentrism, Event Frequency and Comparative Optimism: When What Happens Frequently is 'More Likely to Happen to Me'", *Personality and Social Psychology Bulletin*, 29, 1343-1356.

Chambers, J. R., & Windschitl, P. D. (2004). Biases in Social Comparative Judgments: The Role of Nonmotivated Factors in Above-Average and Comparative-Optimism Effects. *Psychology Bulletin*, 5, 813-838.

Chambers, J. R., & Kruger, J. (2006). The Role of Accessibility in Egocentric Social Comparisons. Unpublished data.

Chambers, J. R., Epley, N., Savitsky, K., & Windschitl, P. D. (2008). "Knowing too Much: Using Private Knowledge to Predict How One is Viewed by Others". *Association for Psychological Science*, 19, 542-548.

Chang, C. E. & D'Zurilla, T. J. (1994). "Assessing the Dimensionality of Optimism and Pessimism Using a Multimeasure Approach". *Cognitive Therapy and Research*, 18, 143-160.

Chang, E. C. & Asakawa, K. (2003). "Cultural Variations on Optimistic and Pessimistic Bias for Self Versus a Sibling: Is There Evidence for Self-Enhancement in the West and for Self-Criticism in the East When the Referent Group Is Specified?" *Journal of Personality and Social Psychology*, 84, 569-581.

Chang, E. C., & Sanna, L. J. (2003). "Experience of Life Hassles and Psychological Adjustment among Adolescents: Does it Make a Difference if One is Optimistic or Pessimistic?" *Personality and Individual Differences*, 34, 867-879.

Chapin, J. (2001). "Self-protective Pessimism: Optimistic Bias in Reverse". *North American Journal of Psychology*, 3, 253-262.

Chapin, J., & Coleman, G. (2009). "Optimistic Bias: What You Think, What You Know, or Whom You Know?" *North American Journal of Psychology*, 11, 121-132.

Chapin, J., de las Alas, S., & Coleman, G. (2005). "Optimistic Bias among Potential Perpetrators of Young Violence". *Adolescence*, 40, 749-760.

Chapman, G. B., & Johnson, E. J. (1999). "Anchoring, Activation, and the Construction of Values". *Organizational Behevior and Human Decision Process*, 79, 115-153.

Cheney, G. (1983). "On the Various and Changing Meanings of Organizational Membership: A Field Study of Organizational Identification". *Communication Monographs*, 50, 342-362.

Cho, H., Lee, J., & Chung, S. (2010). "Optimistic Bias about Online Privacy Risks: Testing the Moderating Effects of Perceived Controllability and Prior Experience". *Computers in Human Behavior*, 26, 987-995.

Clarke, V. A., Lovegrove, H., Williams, A., Machperson, M. (2001). "Unrealistic Optimism and the Health Belief Model". *Journal of Behavioral Medicine*, 23, 367-376.

Coelho, M. P. (2009). "Unrealistic Optimism: Still a Neglected Trait". *Journal of Business and Psychology*, 24, 1-12.

Colly, D., & Bazerman, H. M. (2007). "Bounded Awareness: What You Fail to See Can Hurt You". *Mind & Society*, 6, 1-18.

Coppel, D. B. (1980). Relationship of Perceived Social Support and Self-Efficacy to Major and Minor Stresses. Unpublished doctoral dissertation. University of Washington.

Cummins, R. A. & Nistico, H. (2002). "Maintaining Life Satisfactions: The Role of Positive Cognitive Bias". *Journal of Happiness Studies*, 3, 37-69.

Cunningham, W., & Zelazo, P. D. (2007). "Attitudes and Evaluation: A Social Cognitive Neuroscience Perspective". *Trends in Cognitive Sciences*, 11, 97-104.

Darvill, T. J., & Johnson, R. C. (1991). "Optimism and Perceived Control of Life Events as Related to Personality". *Journal of Individual Differences*, 12, 951-954.

Davidson, K. & Prkachin, K. (1997). "Optimism and Unrealistic Optimism Have an Interacting Impact on Health-Promoting Behavior and Knowledge Changes". *Personality and Social Psychology Bulletin*, 23, 617-625.

Dember, W. N., & Brooks, J. (1989). "A New Instrument for Measuring Optimism and Pessimism: Test-retest Reliability and Relations with Happiness and Religious Commitment". *Bulletin of the Psychonomic Society*, 27, 365-366.

Desharnais, R., Bouillon, J., & Godin, G. (1986). "Self-Efficacy and Outcome Expectations as Determinants of Exercise Adherence". *Psychological Reports*, 59, 1155-1159.

Desricbard, O., Verlbiac, J., & Millbabet, I. (2001). Beliefs about Average-risk, Feeicacy and Effort as Sources of Comparative Optimism". *Psychologie Sociale*, 14, 105-142.

Dietrich, A. M., Baranowsky, A. B., Devich-Navarro, M., Gentry, J. E., Harris, C. J., & Figley, C. R. (2000). "A Review of Alternative Approaches to the Treatment of Post Traumatic Sequelae". *Traumatology*, 6, 251-271.

Dohle, S., Keller, C., & Siegrist, M. (2010). "Examining the Relationship between Affect and Implicit Associations: Implications for Risk Perception". *Risk Analysis*, 30, 1116-1128.

Dolan, K. A., & Holbrook, T. M. (2001). "Knowing Versus Caring: The Role of Affect and Cognition in Political Perceptions". *Political Psychology*, 22, 27-44.

Drake, R. A. (1984). "Lateral Asymmetry of Personal Optimism". Journal of Research in Personality, 18, 497-507.

Drake, R. A. (1987). "Conception of Own Versus Others' Outcomes: Manipulation of Monaural Attentional Orientation". *European Journal of Social Psychology*, 17, 373-375.

Drake, R. A., & Ulrich, G. (1992). "Line Bisecting as a Predictor of Personal Optimism and Desirability of Risky Behavior". *Acta Psychologia*, 79, 219-226.

Dunning, D., Perie, M., & Story, A. L. (1991). "Self Serving Prototypes of Social Categories". *Journal of Personality and Social Psychology*, 61, 957-968.

Eden, D., & Zuk, Y. (1995). "Seasickness as a Self-Fulfilling Prophecy: Raising Self-Efficacy to Boost Performance at Sea". *Journal of Applied Psychology*, 80, 628–635.

Eisenberg, N., Guthrie, I. K., Fabes, R. A., Reiser, M., Murphy, B. C., Holgren, R., Maszk, P., & Losoya, S. (1997). "The Relations of Regulation and Emotionality to Resiliency and Competent Social Functioning in Elementary School Children". *Child Development*, 68, 295–311.

Eiser, J. R., Pahl, S., & Prins, Y. R. A. (2001). "Optimism, Pessimism, and the Direction of Self-Other Comparisons". *Journal of Experimental Social Psychology*, 37, 77–84.

Epley, N., Keysar, B., Boven, L. V., & Gilovich, t. (2004). "Perspective Taking as Egocentric Anchoring and Adjustment". *Journal of Personality and Social Psychology*, 87, 327–339.

Erika A., Waters, William, M. P., Klein, Richard, P. Moser, Mandi Y., William R., Waldron, Timothy S., McNeel, Andrew N., & Freedman. (2011). "Correlates of Unrealistic Risk Beliefs in a Nationally Representative Sample". *Journal of Behavior Medicine*, 34, 225–235.

Evangelista, N. M., Owens, J. S., Golden, C. M., & Polham, W. E. (2008). "The Positive Illusory Bias: Do Inflated Self-Perceptions in Children with ADHD Generalize to Perceptions of Others?" *Journal of Abnormal Child Psychology*, 36, 779–79.

Frank, M. J., Seeberger, L. C., & O' Reilly, R. C. (2004). "By Carrot or by Stick: Cognitive Reinforcement Learning in Parkinsonism". *Science*, 306, 1940–1943.

Fred, B B. & Jamie, A C. (2004). "Distinguishing Hope and

Optimism: two Sides of a Coin, or Two Separate Coin". *Journal of Social and Clinical Psychology*, 23, 273-300.

Fredrickson, B. L. (1998). "What Good are Positive Emotions?" *Review of General Psychology*, 2, 300-319.

Foote, N. N. (1951). "Identification as the Basis for a Theory of Motivation". *American Sociological Review*, 16, 14-21.

Gold, R. S. (2007). "The Link between Judgments of Comparative Risk and Own Risk: Further Evidence". *Psychology, Health & Medicine*, 12, 238-247.

Gold, R. S. (2008). "Unrealistic Optimism and Event Threat". *Psychology, Health & Medicine*, 13, 193-201.

Gaertner, L., Sedikides, C., & Chang, K. (2008). "On Pancultural Self-Enhancement: Well-Adjusted Taiwanese Self-Enhance on Personally Valued Traits". *Journal of Cross-Cultural Psychology*, 39, 463-477.

Gasper, K., & Clore, G. L. (2002). "Attending to the Big Picture Mood and Global Versus Local Processing of Visual Information". *Psychological Science*, 13, 34-40.

Golub, S. A., Gilbert, D. T., & Wilson, T. D. (2009). "Anticipating One's Troubles: The Costs and Benefits of Negative Expectations". *American Psychological Association*, 9, 277-281.

Gordon, R., Franklin, N., & Beck, J. (2005). "Wishful Thinking and Source Monitoring". *Memory & Cognition*, 33, 418-429.

Greenberg, J. Ashton-James, C. E., & Ashkanasy, N. M. (2007). "Social Comparison Processes in Organzations". *Organizational Behavior and Human Decision Process*, 102, 22-41.

Gross, J. J. (2001). " Emotion Regulation in Adulthood: Timing is Everything". *Current Directions in Psychological Science*, 10, 214-219.

Hablemitoglu, S., & Yildirim, F. (2008). "Gender Differences in the Influence of Egocentrism and Focalism on Turkish Young People's Optimism: Are Young Men More Optimistic or Young Women More Realistic?" *World Applied Sciences Journal*, 5, 42-53.

Hahn, U. & Warren, P. A. (2009). " Perceptions of Randomness: Why Three Heads are Better Than Four". *Psychological Review*, 116, 454-461.

Harris, D. M., & Guten, S (1979). " Health-Protective Behavior: An Exploratory Study". *Journal of Health and Social Behavior*, 20, 17-29.

Harris, P. (1996). "Sufficient Grounds for Optmisim? The Relationship Between Perceived Controllability and Optimistic Bias". *Journal of Social and Clinical Psychology*, 15, 9-52.

Harris, P., Griffin, D. W., & Murray, S. (2008). "Testing the Limits of Optimistic Bias: Event and Person Moderators in a Multilevel Framework". *Journal of Personality and Social Psychology*, 95, 1225-1237.

Harris, A. J. L., Corner, A., & Hahn, U. (2009). "Estimating the Probability of Negative Events". *Cognition*, 110, 51-64.

Harris, A. J. L. & Hahn, U. (2011). " Unrealistic Optimism about Future Life Events: A Cautionary Note". *Psychological Review*, 118, 135-154.

Haselton, M. G., & Nettle, D. (2006). " The Paranoid Optimist: An Integrative Evolutionary Model of Cognitive Biases".

Personality and Social Psychology Review, 10, 47-66.

Heather C. Lench, Shane W. Bench, and Elizabeth L. Davis. (2018). "Distraction from Emotional Information Reduces Biased Judgments". *Cognition and Emotion*, 30, 638-653.

Helweg-Larsen, M. & Shepperd, J. A. (2001). "Do Moderators of the Optimistic Bias Affect Personal or Target Risk Estimates? A Review of the Literature". *Personality and Social Psychology Review*, 5, 74-95.

Heine, S. J., & Lehman, D. R. (1995). "Cultural Variation in Unrealistic Optimism: Does the West Feel More Invulnerable than the East". *Journal Personality Social Psychology*, 74, 595-607.

Heine, S. J. Kitayama, S., & Hamamura, T. (2007). "Which Studies Test Whether Self-Enhancement is Pancultural?: Reply to Sedikides, Gaertner, and Vevea (2007)." *Asian Journal of Social Psychology*, 10, 198-200.

Heine, S. J., & Buchtel, E. E. (2009). "Personality: The Universal and the Culturally Specific". *Annual Review of Psychology*, 60, 369-394.

Helweg-Larsen, M. (1994). "Why it Won't Happen to Me: Across-Cultural Investigation of Social Comparison as a Cause of the Optimistic Bias" (Doctoral dissertation, University of California, Los Angeles, 1990). *Dissertation Abstracts International*, 55-11B, 5124.

Hertwig, R., Barron, G., Weber, E. U., & Erev, I. (2004). "Decisions from Experience and the Effect of Rare Events in Risky Choice". *American Psychological Society*, 15, 534-539.

Hertwig, R., Barron, Pachur, T., & Kurzenhauser, S. (2005). "Judgments of Risk Frequencies: Tests of Possible Cognitive

Mechanisms". *Journal of Experimental Psychology*, 31, 621–642.

Hevey, D., French, D. P., Marteau, T. M., & Sutton, S. (2009). "Assessing Unrealistic Optimism: Impact of Different Approaches to Measuring Susceptibility to Diabetes". *Journal of Health Psychology*, 14, 372–377.

Higgins, N. C., Michelle, D. S. A., & Poole, G. D. (1997). "The Controllability of Negative Life Experiences Mediates Unrealistic Optimism". *Social Indicators Research*, 42, 299–323.

Hoorens, V. & Pandelaere, M. (2000). "Why do Controllable Events Elicit Stronger Comparative Optimism than Uncontrollable Events?" *Social Cognition Network*, 31, 11–43.

Hoorens, V., & Buunk, B. P. (1993). "Social Comparison of Health Risks: Locus of Control, the Person-Positivity Bias, and Unrealistic Optimism". *Journal of Applied Social Psychology*, 23, 291–302.

Hsee, C. K. & Weber, E. U. (1997). "A Fundamental Prediction Error: Self-Others Discrepancies in Risk Preference". *Journal of Experimental Psychology: General*, 126, 45–53.

Hughes, B. L., & Beer, J. S. (2012). "Orbitofrontal Cortex and Anterior Cingulate Cortex are Modulated by Motivated Social Cognition". *Cerebral Cortex*, 22, 1372–1381.

Jansen LA. (2016). "The Optimistic Bias and Illusions of Control in Clinical Research". *Ethics & Human Research*, 38, 8–14.

Janz, N. K. & Becker, M. H. (1984). "The Health Belief Model: A Decade Later". *Health Education Quarterly*, 11, 1–47.

Jorgensen, M. (2010). "Identification of More Risks Can Lead to Increased Over-Optimism of and Over-Confidence in Software

Development Effort Estimates". *Information and Software Technology*, 52, 506-516.

Kahneman, D., Knetsch, J. L., & Thaler, R. H. (1991). "The Endowment Effect, Loss Aversion, and Status Quo Bias". *Journal of Economic Perspectives*, 5, 193-206.

Kahneman, D., & Lovallo, D. (1993). "Timid Choices and Bold Forecasts: A Cognitive Perspective on Risk Tasking". *Management Science*, 39, 17-31.

Karniol, R. (2003). "Egocentrism Versus Protocentrism: The Status of Self in Social Prediction". *Psychological Review*, 110, 564-580.

Kathleen Sherman-Morris, Idamis Del Valle-Martinez. (2017). "Optimistic Bias and the Consistency of Hurricane Track Forecasts". *Nat Hazards*, 88, 1523-1543.

Kelman, H. (1958). "Compliance, Identification, and Internalization: Three Processes of Attitude Change". *Journal of Conflict Resolution*, 1, 51-60.

Klar, Y., Ayal, S., & Sarel, D. (1996). "Nonunique Invulnerability: Singular Versus Distributional Probabilities and Unrealistic Optimism in Comparative Risk Judgments". *Organizational Behavior and Human Decision Processes*, 67, 229-245.

Klar, Y. & Ayal, S. (2004). "Event Frequency and Comparative Optimism: Another Look at the Indirect Elicitation Method of Self-Others Risks". *Journal of Experimental Social Psychology*, 40, 805-814.

Klaus, F. (2000). "Beware of Samples! A Cognitive-Ecological Sampling Approach to Judgment Biases". *Psychological Review*, 107, 659-676.

Klein, W. M., & Weinstein, N. D. (1997). "Social Comparison and Unrealistic Optimism about Personal Risk. In B. P. Buunk & F. X. Gibbons, Health, coping, and social comparison (pp. 25 – 61). Mahwah, NJ: Lawrence Erlbaum Associates, Inc.

Klein, J. T. F., & Helweg-Larsen, M. (2002). "Perceived Control and the Optimistic Bias: Meta-Analytic Review". *Psychology and. Healthy*, 17, 437–446.

Klein, J. T. F., & Helweg-Larsen, M. (2002). "Perceived Control and the Optimistic Bias: A Meta-Analytic Review". *Psychology and Health*, 17, 437–446.

Klein, W. M. P. Optimistic bias. Retrieved April 28, 2010, from http://dccps. nic. nih. gov/brp/constructs/optimistic bias/optimistic _ bias. pdf.

Koehler, D. J. & Poon, C. S. K. (2006). "Self-Predictions Overweight Strength of Current Intentions" *Journal of Experimental Social Psychology*, 42, 517–524.

Koellinger, P., Minniti, M., & Schade, C. (2007). " 'I think I can, I think I can': Overconfidence and Entrepreneurial Behavior". *Journal of Economic Psychology*, 28, 502–527.

Korn, C. W., Sharot, T., Walter, H., Heekeren, H. R., & Dolan, R. J. (2013). "Depression is Related to an Absence of Optimistically Biased Belief Updating about Future Life Events". *Psychological Medicine*, 1–14, doi: 10. 1017/S0033291713001074.

Kos, J. M. & Clarke, V. A. (2001). " Is Optimistic Bias Influenced by Control or Delay?" *Health Education Research*, 16, 533–540.

Kring, A. M., & Gordon, A. L. (1998). "Sex Differences in

Emotion". *Journal of Personality and Social Psychology*, 74, 686-703.

Krizan, Z. & Windschitl, P. D. (2007). " The Influence of Outcome Desirability on Optimism ". *Psychological Bulletin*, 133, 95-121.

Krizan, Z. & Suls, J. (2008). "Losing Sight of Oneself in the Above-Average Effect: When Egocentrism, Focalism, and Group Diffuseness Collide ". *Journal of Experimental Social Psychology*, 44, 929-942.

Krizan, Z. & Windschitl, P. D. (2009). " Wishful Thinking about the Future: Does Desire Impact Optimism?" *Social and Personality Psychology Compass*, 3, 227-243.

Kruger, J., & Burrus, J. (2004). "Egocentrism and Focalism in Unrealistic Optimism (and Pessimism)". *Journal of Experimental Social Psychology*, 40, 332-340.

Kruger, J., Windschitl, P. D., Burrus, J., Fessel, F., & Chambers, J. R. (2008). " The Rational Side of Egocentrism in Social Comparisons". *Journal of Experimental Social Psychology*, 44, 220-232.

Lam, K. C. H., Buehler, R., McFarland, C., Ross, M., & Cheug, I. (2005). " Cultural Differences in Affective Forecasting: The Role of Focalism". *Society for Personality and Social Psychology*, 31, 1296-1309.

Lang, P. J. (1995). "The Emotion Probe: Studies of Motivation and Attention". *American Psychologist*, 50, 371-385.

Lazarus, R. (1991). *Emotionand Adaptation*. New York: Oxford University Press.

Leary, M. R. (2007). "Motivational and Emotional Aspects of the Self". *Annual Review of Psychology*, 58, 317-344.

LeDoux, J. (1994). "Emotion, Memory and the Brain". *Scientific American*, 270, 32-39.

Lench, H. C. & Ditto, P. T. (2008). "Automatic Optimism: Biased use of Base rate Information for Positive and Negative Events". *Journal of Experimental Social Psychology*, 44, 631-639.

Libiatan, I., Trope, Y., & Liberman, N. (2008). "Interpersonal Similarity as a Social Distance Dimension Implications for Perception of Others' Actions". *Journal of Experimental Social Pshychology*, 44, 1256-1269.

Lin, C. H. & Lin, Y. C. (2004). "The Interaction between Order of Elicitation and Event Controllability on the Self-Positivity Bias". *Consumer Research*, 31, 523-529.

Mandel, D. R. (2008). "Violations of Coherence in Subjective Probability: A Representational and Assessment Processes Account". *Cognition*, 106, 130-156.

Mansour, S. B., Jouini, E., & Napp, C. (2006). "Is There a 'Pessimistic' Bias in Individual Beliefs? Evidence from a Simple Survey". *Theory and Decision*, 61, 345-362.

Markman, K. D., & Hirt, E. R. (2002). "Social Prediction and the 'Allegiance bias'". *Social Cognition*, 20, 58-86.

Markus, H., and Nurius, P. (1986). "Possible Selves". *American Psychologist*, 41, 954-69.

Marshall G N., Wortman C. B., Kusulas J. W., Linda, K. H., Ross, R., & Vickers, Jr. (1992). "Distinguishing Optimism and Pessimism: Relations to Fundamental Dimensions of Mood and Personality". *Journal of Personality and Social Psychology*, 62: 1067-1074.

Mauss, I. B., Levenson, R. W., McCarter, L., Wilhelm, F. H., & Gross, J. J. (2005). "The tie That Binds? Coherence among Emotional Experience, Behavior, and Autonomic Physiology". *Emotion*, 5, 175-190.

Mellers, B. A., & McGraw, A. P. (2001). "Anticipated Emotions as Guides to Choices". *Current Directions in Psychological Science*, 10, 210-214.

Menon, G., Block, L. G., & Ramanathan, S. (2002). "We're at as Much Risk as We are Led to Believe: Effects of Message Cues on Judgments of Health Risk". *Journal of Consumer Research*, 28, 534-549.

Menon, G., Kyung, E. J., & Agrawal, N. (2009). "Biases in Social Comparisons: Optimism or Pessimism?" *Organizational Behavior and Human Decision Processes*, 108, 39-52.

Michael, M., Pamela, B., Janice, W. M., & Robert, N. (2005). "Experiences of Academic Unit Reorganization: Organizational Identity and Identification in Organizational Change". *Review of Higher Education*, 28, 597-619.

Miles, S. & Scaife, V. (2003). "Optimistic Bias and Food". *Nutrition Research Reviews*, 16, 3-19.

Miller, M. W., Patrick, C. J., & Levenston, G. K. (2002). "Affective Imagery and the Startle Response: Probing Mechanisms of Modulation during Pleasant Scenes, Personal Experiences and Discrete Negative Emotions". *Psychophysiology*, 39, 519-529.

Moore, D. A. (2007). "Not so Above Average after All: When People Believe They are Worse than Average and Its Implications for Theories of Bias in Social Comparison". *Organizational*

Behavior and Human Decision Processes, 102, 42-58.

Moore, D. A. & Small, D. A. (2007). "Error and Bias in Comparative Judgment: On Being both Better and Worse than We Think We are". *Journal of Personality and Social Psychology*, 92, 972-989.

Moore, D. A. & Cain, D. M. (2008). "Overconfidence and Underconfidence: When and Why People Underestimate (and Overestimate) the Competition". *Organizational Behavior and Human Decision Processes*, 103, 197-213.

Moore, D. A. & Healy, P. J. (2008). "The Trouble with Overconfidence". *Psychological Review*, 105, 502-517.

Moore, D. A. (2007). "When Good = Better than Average". *Judgment and Decision Making*, 2, 227-291.

Moritz, S., & Jelinek, L. (2009). "Inversion of the 'Unrealistic Optimism' Bias Contributes to Overestimation of Threat in Obsessive-Compulsive Disorder". *Behavioural and Cognitive Psychotherapy*, 37, 179-193.

Mussweiler, T. (2003). "Comparison Processes in Social Judgment: Mechanisms and Consequences". *Psychological Review*, 110, 472-489.

Mussweiler, T. (2003). "When Egocentrism Breeds Distinctness— Comparison Processes in Social Prediction: Comment on Karniol (2003)". *Psychological Review*, 110, 581-584.

Newby-Clark, I. R. & Ross, M. (2003). "Conceiving the Past and Future". *Personality and Social Psychological Bulletin*, 29, 807-18.

Nicolle, A., Symmonds, M., & Dolan, R. J. (2011) "Optimistic Biases in Observational Learning of Value" *Cognition*,

119, 394-402.

Nosek, B. A., & Banaji, M. R. (2001). "The Go/No-Go Association Task". *Social Cognition*, 19, 161-176.

O'Reilly, C, , & Chattnan, J. (1986). "Organizational Commitment and Psychological Attachment: The Effect of Compliance, Identification and Internalization on Pro-social Behavior". Journal of Applied Psychology, 71: 492-499.

Oreg, S. & Bayazit, M. (2009). "Prone to Bias: Development of a Bias Taxonomy from an Individual Differences Perspective ". *Review of General Psychology*, 13, 175-193.

Owens, J. S., Goldfine, M. E., Evangelista, N. M. Hoza, B., & Kaiser, N. M. (2007). "A Critical Review of Self-Perceptions and the Positive Illusory Bias in Children with ADHD ". *Clinic Child Family Psychology Review*, 10, 335-351.

Ozer, E. M., & Bandura, A. (1990). "Mechanisms Governing Empowerment Effects: A Self-Efficacy Analysis ". *Journal of Personality and Social Psychology*, 58, 472-486.

Packer, D. J. (2008). "On Being Both with Us and Against Us: A Normative Conflict Model of Dissent in Social Groups ". *Society for Personality and Social Psychology*, 12, 50-72.

Page, L. (2009). "Is There an Optimistic Bias on Betting Markets?" *Economics Letters*, 102, 70-72.

Patchen, M. (1970). "Participation, Achievement, and Involvement on the Job". New Jersey, Prentice-Hall Inc., *Englewood Cliffs*, pp 285.

Peake, P. K., & Cervone, D. (1989). "Sequence Anchoring and Self-Efficacy: Primacy Effects in the Consideration of Possibilities".

Social Cognition, 7, 31-50.

Pietromonaco. P. R., & Markus, H. (1985). "The Nature of Negative Thoughts in Depression". *Journal of Personality and Social Psychology*, 48, 799-807.

Peterson & Christopher. (2000). "The Future Optimism". *American Psychologist*, 55, 44-55.

Prentice, K. J., Gold, J. M., & Carpenter, W. T. (2005). "Optimistic Bias in the Perception of Personal Risk: Patterns in Schizophrenia". *American Journal of Psychiatry*, 162, 507-512.

Price, P. C. (2001). "A Group Size Effect on Personal Risk Judgments: Implications for Unrealistic Optimism". *Memory & Cognition*, 29, 578-586.

Price, P. C., Pentecost, H. C., & Voth, R. D. (2002). "Perceived Event Frequency and the Optimistic Bias: Evidence for a Two-Process Model of Personal Risk Judgments". *Journal of Experimental Social Psychology*, 38, 242-252.

Price, P. C. & Smith, A. (2004). "Intuitive Evaluation of Likelihood Judgment Producers: Evidence for a Confidence Heuristic". *Journal of Behavioral Decision Making*, 17, 39-57.

Price, P. C., Smith, A., & Lench, H. C. (2006). "The Effect of Target Group Size on Risk Judgments and Comparative Optimism: The More, the Risker". *Journal of Personality and Social Psychology*, 90, 382-398.

Pronin, E., Lin, D., & Lee, R. (2002). "The Bias Blind Spot: Perceptions of Bias in Self Versus Others". *Society for Personality and Social Psychology*, 28, 369-381.

Pyszczynski, T, & Greenberg, J. (1985). "Depression and

Preference for Self-Focusing Stimuli Following Success and Failure". *Journal of Personality and Social Psychology*, 49, 1066–1075.

Pyszczynski, T, & Greenberg, J. (1986). "Evidence for a Depressive Selffocusing Style". *Journal of Research in Personality*, 20, 95–106.

Pyszczynski, T, & Greenberg, J. (1987). "Self-Regulatory Perseveration and the Depressive Self-Focusing Style: A Self-Awareness Theory of Reactive Depression". *Psychological Bulletin*, 102, 1–17.

Radcliffe, N. M., & Klein, W. M. (2002). "Dispositional, Unrealistic, and Comparative Optimism: Differential Relations with the Knowledge and Processing of Risk Information and Beliefs about Personal Risk". *Personality and Social Psychology Bulletin*, 28, 836–846.

Rhodes, M. G. & Castel, A. D. (2008). "Memory Predictions are Influenced by Perceptual Information: Evidence for Metacognitive Illusions". *Journal of Experimental Psychology: General*, 137, 615–625.

Rice, P. C., Pentecost, H. C., & Voth R. M. (2002). "Perceived Event Frequency and the Optimistic Bias: Evidence for a Two-Process Model of Personal Risk Judgments". *Journal of Experimental Social Psychology*, 38, 242–252.

Richard, J., Pahl, S., & Prins, Y. R. A. (2001). "Optimism, Pessimism, and the Direction of Self-Other Comparisons". *Journal of Experimental Social Psychology*, 37, 77–84.

Riggs, M. L., Warka, J., Babasa, B., Betancourt, R., & Hooker, S. (1994). "Development and Validation of Self-Efficacy and Outcome Expectancy Scales for Job-Related Applications". *Educational and Psychological Measurement*, 54, 793–802.

Risen, J. L. & Gilovich, T. (2007). "Another Look at Why People are Reluctant to Exchange Lottery Tickets". *Journal of Personality and Social Psychology*, 93, 12-22.

Robinson, M. D., & Ryff, C. D. (1999). "The Role of Self-Deception in Perceptions of Past, Present, and Future Happiness". *Personality and Social Psychology Bulletin*, 25, 595-606.

Rolls, E. T. (1990). "A Theory of Emotion, and Its Application to Understanding the Neural Basis of Emtotion". *Cognition and Emotion*, 4, 161-190.

Rigotti, T., Schyns, B., & Mohr, G. (2008). "A Short Version of the Occupational Self-Efficacy Scale: Structural and Construct Validity across Five Countries". *Journal of Career Assessment*, 16, 238-255.

Sadri, G., & Robertson, I. T. (1993). "Self-efficacy and Work-Related Behavior: A Review and Meta-Analysis". *Applied Psychology: An International Review*, 42, 139-152.

Rose, M., Heine, S. J., Wilson, A. E., & Sugimori, S. (2005). "Cross-Cultural Discrepancies in Self-Appraisals". *Personality and Social Psychology*, 31, 1175-1188.

Rose, J. P. & Windschitl P. D. (2008). "How Egocentrism and Optimism Change in Response to Feedback in Repeated Competitions". *Organizational Behavior and Human Decision Processes*, 105, 201-220.

Rose, J. P., Windschitl P. D., & Suls, J. (2008). "Cultural Differences in Unrealistic Optimism and Pessimism: The Role of Egocentrism and Direct Versus Indirect Comparison Measure". *Personality and Social Psychology Bulletin*, 34, 1236-1248.

Ross, M. & Sicoly, F. (1979). "Egocentric Biases in Availability and Attribution". *Copyright* 1979 *by American Psychological Association*, 322-336.

Rottenberg, J., Salomon, K., Gross, J. J., & Gotlib, I. H. (2005). "Vagal Withdrawal to a Sad Film Predicts Recovery from Depression". *Psychophysiology*, 42, 277-281.

Rottenberg, J., Ray, R. R., & Gross, J. J. (2007). Emotion Elicitation Using Films. In J. A. Coan & J. J. B Allen (Eds.), *The Handbook of Emotion Elicitation and Assessment.* New York: Oxford University Press.

Roysamb E., & Strype J. (2002). "Optimism and Pessimism: Underlying Structure and Dimensionality". *Journal of Social and Clinical Psychology*, 21, 1-19.

Salovey, P., & Birnbanm, D. (1989). "Influence of Mood on Health-Relevant Cognitions ". *Journal of Personality and Social Psychology*, 57, 539-551.

Schacter, D. L. & Addis, D. R. (2007). "The Optimistic Brain". *Nature Neuroscience.* 10, 1345-1347.

Schaupp, L. C. & Carter, L. (2010). "The Impact of Trust, Risk and Optimism Bias on E-File Adoption". *Information System Front*, 12, 299-309.

Scheier M. F, & Carver C. S. (1985). "Optimism, Coping and Health: Assessment and Implications of Generalized Outcome Expectancies". *Health Psychology*, 4, 219-247.

Scheier M. F., Weintranb, J. K., & Carver C. S. (1986). "Coping with Stress: Divergent Strategics of Optimists and Pessimists". *Journal of Personality and Social Psychology*, 51, 1257-1264.

Scherer, K. R. & Zentner, M. R. (2008). " Music Evoked Emotions are Different-More Often Aesthetic than Utilitarian ". *Behavioral and Brain Sciences*, 31, 595–596.

Schwarz, N., & Clore, G. L. (1983). "Mood, Misattribution and Judgments of Well-Bing: Informative and Directive Functions of Affeetive States ". *Journal of Personality and Social Psychology*, 45, 513–523.

Schwarz, N., & Clore, G. L. (1988). "How do I Feel about it? The Informative Function of Affective States ". In K. Fiedler & J. P. Forgas (Eds.), *Affect, Cognition, and Social Behavior*, 44–62.

Schwarzer, R. (1992). " Self-Efficacy: Thought Control of Action". Washington, DC: Hemisphere.

Schweizer, K., & Koch, W. (2001). " The Assessment of Components of Optimism by POSO – E ". *Personality and Individual Differences*, 31, 563–574.

Seaward, H. G. W., & Simon Kemp, S. (2000). "Optimism Bias and Student Debt ". *New Zealand Journal of Psychology*, 29, 17–19.

Sedikides, C., & Gregg, A. P. (2006). "The Self as a Point of Contact between Socialpsychology and Motivation". In P. A. M. van Lange. *Bridging social psychology: Benefits of transdisciplinary approaches*, 233–238.

Sedikides, C., Skowronski, J. J., & Dunbar, R. I. M. (2006). " When and Why did the Human Self Evolve?" In M. Schaller, J. A. Simpson, & D. T. Kenrick (Eds.), *Evolution and social psychology: Frontiers in social psychology* (pp. 55–80). New York, NY: Psychology Press.

Sedikides, C., & Gregg, A. P. (2008). "Self-Enhancement: Food for Thought". *Association for Psychological Science*, 3, 102-116.

Sedikies, C., & Skowronski, J. J. (2009). "Social Cognition and Self-Cognition: Two Sides of the Same Evolutionary Coin?" *European Journal of Social Psychology*, 39, 1245-1249.

Sen, S., & Johnson, E. J. (1997). "Mere-possession Effects without Possession in Consumer Choice". *The Journal of Consumer Research*, 24, 105-117

Shah, P. (2012). "Toward a Neurobiology of Unrealistic Optimism". *Front Psychology*, 3, 334.

Sharot, T., Riccardi, M. A., Raio, M. C., & Phelps, A. E. (2007). "Neural Mechanisms Mediating Optimism Bias". *Nature*, 450, 102-105.

Sharot, T., De Martino, B., & Dolan, R. J. (2009). "How Choice Reveals and Shapes Expected Hedonic Outcome". *The Journal of Neuroscience*, 29, 3760-3765.

Sharot, T. (2011). "The Optimism Bias: Those Rose-Colored Glasses? We May be Born with Them. Why our Brain Tilt toward the Positive". *Science*, 177, 42-46.

Sharot, T., Korn, C. W., & Dolan, R. (2011). "How Unrealistic Optimism is Maintained in the Face of Reality". *Nature Neuroscience*, 14, 1475-1479.

Sharot, T., Guitart-Masip, M., Korn, C. W., Chowdhruy, R., & Dolan, R. J. (2012). "How Dopamine Enhances an Optimism Bias in Humans". *Current Biology*, 22, 1477-1481.

Sharot, T., Kanai, R., Marston, D., Korn, C. W., Rees, G., & Dolan, R. J. (2012). "Selectively Altering Belief Formation in the Human Brain". *Proceedings of the National Academy of Sciences of the United States of America*, 109, 17058-17062.

Sheldon, K. M. & King, L. (2001). "Why Positive Psychology is Necessary". *American Psychologist*, 56, 216-217.

Shepperd, J. A., & Helweg-Larsen, M. (2001). "Do Moderators of the Optimistic Bias Affect Personal or Target Risk Estimates? A Review of the Literature". *Personality and Social Psychology Review*, 5, 74-95.

Shepperd, J. A., Carroll, P., Grace, J., & Terry, M. (2002). "Exploring the Causes of Comparative Optimism". *Psychologica Belgica*, 42, 65-98.

Sherer, M., Maddux, J. E., Mercandante, B., Prentice-Dunn, S., Jacobs, B., & Rogers, R. W. (1982). "The Self-Efficacy Scale: Construction and Validation". *Psychological Reports*, 51, 663-671.

Silvia, P. J. (2005). "Emotional Responses to Art: From Collationand Arousal to Cognition and Emotion". *Review of General Psychology*, 9, 342-357.

Simmons, J. P., & Massey, C. (2011). "Is Optimism Real? The Effect of Large Incentives on Optimism". *Journal of Experimental Psychology: General*, Forthcoming. Available at SSRN: http://ssrn.com/abstract=1895624.

Slovic, P., Finucane, M. L., Peters, E., & MacGregor, D. G. (2002). "The Affect Heuristic". In T. Gilovich, D. Griffin, & D. Kahneman (Eds.), *Heuristics and Biases: The Psychology of Intuitive Judgment* (pp. 397-420). New York: Cambridge University Press.

Slovic, P., & Peters, E. (2006). " Risk Perception and Affect". *Current Directions in Psychological Science*, 6, 322-325.

Steen, E. V. (2004). " Rational Overoptimism (and Other Biases) ". *American Economic Review*, 94, 1558-1542.

Suls, J. M., & Miller, R. L. (1977). " Social Comparison Processes: Theoretical and Empirical Perspectives ". Washington, DC: Hemisphere.

Suls, J., Chambers, J., Krizan, Z., Mortensen, C. R., Koestner, B., & Bruchmann, K. (2010). " Testing Four Explanations for the Better/Worse-than-Average Effect: Single- and Multi-item Entities as Comparison Targets and Referents ". *Organizational Behavior and Human Decision Processes*, 113, 62-72.

Sutton, S. (2002). " Influencing Optimism in Smokers by Giving in Formation about the Average Smoker". *Risk, Decision, and Policy*, 7, 165-174.

Sweeny, K., Carroll, P. J., & Shepperd, J. A. (2006). " Is Optimism Always Best? Future Outlooks and Preparedness ". *Association for Psychological Science*, 15, 302-305.

Tanner, R. J. & Carlson, K. A. (2008). " Unrealistically Optimistic Consumers: A Selective Hypothesis Testing Account for Optimism in Predictions of Future Behavior". *Journal of Consumer Research*, 81, 1-7.

Taylor, F. W. (1911). *The Principles of Scientific Management*. New York: Harper & Brothers.

Taylor, S . E. & Brown, J. D. (1988). " Illusion and Well Being: A Social Psychological Perspective on Mental Health ". *Psychological Bulletin*, 103, 193-210.

Taylor, S. E. (1989). *Positive Illusions: Creative Self-Deception and the Healthy Mind.* New York: Basic Books.

Taylor, S. E., & Shepperd, J. A. (1998). "Bracing for the Worst: Severity, Testing and Feedback as Moderators of the Optimistic Bias". *Personality and Social Psychology Bulletin*, 24, 915-926.

Taylor, S. E., Kemeny, M. E., Reed, G. M., & Bower, J. E., & Gruenewald, T. L. (2000). "Psychological Resources, Positive Illusions, and Health". *American Psychologist*, 55, 99-109.

Teasdale, J. D., & Russell, M. L. (1983). "Differential Effects of Induced Mood on the Recall of Positive, Negative and Neutral Words". *British Journal of Clinical Psychology*, 22, 163-171.

Thompson, R. A. (1994). "Emotion Regulation: A Theme in Search of a Definition". In N. A. Fox (Ed.), *Monographs of the Society for Research in Child Development*, 59, 25-52.

Tiger, L. (1979). *Optimism: The Biology of Hope (1st)*. New York: Simon & Schuster.

Tiger, L. (2000). "Optimism: The Biology of Hope". In Peterson C. *The Future of Optimism, American Psychologist*, 55, 44-55.

Tierney, P., & Farmer, S. M. (2002). "Creative Self-Efficacy: Its Potential Antecedents and Relationship to Creative Performance". *Academy of Management Journal*, 45, 1137-1148.

Tipton, R. M., & Worthington, Jr. (1984). "The Measurement of Generalized Self-Efficacy: A Study of Construct Validity". *Journal of Personality Assessment*, 48, 545-548.

Tversky, A., & Kahneman, D. (1973). "Availability: A

Heuristic for Judging Frequency and Probability". *Cognitive Psychology*, 5, 207-232.

Ungemach, C., Chater, N., & Stewart, N. (2009). "Are Probabilities Overweighted or Underweighted, When Eare Outcomes are Experienced (rarely) "? *Psychological Science*, 20, 473-479.

Vecchio, R. P., & Appelbaum, S. H. (1995). "Managing Organizational Behaviour". Toronto: Dryden.

Velasco, C., & Bond, A. (1998). "Personal Relevance is an Important Dimension for Visceral Reactivity in Emotional Imagery". *Cognition & Emotion*, 12, 231-242.

Venter, G. & Michayluk, D. (2008). "An Insight into Overconfidence in the Forecasting Abilities of Financial Advisors". *Australian Journal of Management*, 32, 545-557.

Vollrath, M., Knoch, D., & Cassano, L. (1999). "Personality, Risky Health Behaviour, and Perceived Susceptibility to Health Risks". *European Journal of Personality*, 13, 39-50.

Voss, A., Rothermund, K., & Brandtstädter, J. (2008). "Interpreting Ambiguous Stimuli: Separating Perceptual and Judgmental Biases". *Journal of Experimental Social Psychology*, 44, 1048-1056.

Walter, K. S. (1989). "The Law of Apparentreality and Aesthetic Emotions". *American Psychologist*, 44, 1545-1546.

Watson, D. (1988). "Intraindividual and Interindividual Analyses of Positive and Negative Affect: Their Relation to Health Complaints, Perceived Stress, and Daily Activities". *Journal of Personality and Social Psychology*, 54, 1020-1030.

Watson, L. A., Dritschel, B., Obonsawin, M. C., &

Jentzsch, I. (2007). "Seeing Yourself in a Positive Light: Brain Correlates of the Self-positivity Bias". *Brain Research*, 1152, 106 -110.

Weber, E. U. & Hsee, C. K. (2000). "Culture and Individual Judgment and Decision Making". *Applied Psychology: An International Review*, 49, 32-61.

Wei, R., Lo, V, H., & Lu, H. Y. (2007). "Reconsidering the Relationship between the Third-Person Perception and Optimistic Bias". *Communication Research*, 34, 665-684.

Weinstein, J., Averill, J. R., Opton, E. M., Jr., & Lazarus. R. S. (1968). "Defensive Style and Discrepancy between Self-Report and Physiological Indices of Stress". *Journal of Personality and Social Psychology*, 10, 406-413.

Weinstein, N. D. (1980). "Unrealistic Optimism about Future Life Events". *Journal of Personality and Social Psychology*, 39, 806-820.

Weinstein, N. D. (1982). "Unrealistic Optimism about Susceptibility to Health Problems". *Journal of Behavioral Medicine*, 5, 441-459.

Weinstein, N. D. & Lachendro, E. (1982). "Egocentrism as a Source of Unrealistic Optimism". *Personality and Social Psychology Bulletin*, 8, 195-200.

Weinstein, N. D. (1987). "Unrealistic Optimism about Susceptibility to Health Problems: Conclusions from a Community-wide Sample". *Journal of Behavioral Medicine*, 10, 481-500.

Weinstein, N. D. (1989). "Optimistic Bias about Personal Risks". *Science*, 246, 1232-1233.

Weinstein, N. D. (2007). "Misleading Tests of Health Behavior

Theories". *Annals of Behavioral Medicine*, 33, 1-10.

Wilson, D. T., Wheatley, T., Meyers, J. M., Gilbert, D. T., & Axson, D. (2000). "Focalsim: A Source of Durability Bias in Affective Forecasting". *Journal of Personality and Social Psychology*, 78, 821-836.

Wilson, D. T. & Gilbert, D. T. (2008). "Explaining away A Model of Affective Adaptation". *Perspectives on Psychological Science*, 3, 370-386.

Windschitl, P. D. & Kruger, J. (2003). "The Influence of Egocentrism and Focalism on People's Optimism in Competitions: When What Affects Us Equally Affects Me More". *Journal of Personality and Social Psychology*, 85, 389-408.

Windschitl, P. D., Kruger, J., & Simms, E. N. (2003). "The Influence of Egocentrism and Focalism on People's Optimism in Competitions: When what Affects us Equally Affects Me More". *Journal of Personality and Social Psychology*, 85, 389-408.

Windschitl, P. D., Conybeare, D., & Krizan, Z. (2008). "Direact-Comparison Judgments: When and Why Above- and Below-Average Effects Reverse". *Journal of Experimental Psychology*, 137, 182-200.

Windschitl, P. D., Rose, J. P., Staklfleet, M. T., & Smith, A. R. (2008). "Are People Excessive or Judicious in Their Egocentrism? A Modeling Approach to Understanding Bias and Accuracy in People's Optimism". *Journal of Personality and Social Psychology*, 95, 253-273.

Windschitl, P. D., Smith, A. R., Rose, J. P., & Krizan, Z. (2010). "The Desirability Bias in Predictions: Going Optimistic without Leaving Realism". *Organizational Behavior and Human Decision Processes*, 111, 33-47.

Xiaojun Li, Shanping He, Zongkui Zhou, Zhenhong Wang. (2018). "ERP Studies on Attention Bias of Optimistic Individuals towards Social Information". *Neuro Quantology*, 16, 396-400.

Ying Xu, Yang Yang & Xiao Ma. (2018). "Time Perspective, Optimistic Bias, and Self-Control among Different Statuses of University Smokers in China: A Cross-sectional Study". *Psychology, Health & Medicine*, (Print) 1465-3966 (Online).

YUSUKE UMEGAKI. (2015). "Effects of Contingencies of Self-Worth and Sensitivity to Indebtedness on Optimistic Bias in Seeking Help for Depression". *Japanese Psychological Research*, 57, 337-347.

Zakay, D. (1996). "The Relativity of Unrealistic Optimism". *Acta Psychologica*, 93, 121-131.

Zajonc, R. B. (1980). "Feeling and Thinking: Preferencs Need no Ineference". *Amerecrian Psychologist*, 35, 151-175.

Zhang, Y. & Fishbach, A. (2010). "Counteracting Obstacles with Optimistic Predictions". *Journal of Experimental Psychology: General*, 139, 16-31.

Zhang, JX, & Schwarzer, R. (1995). "Measuring Optimistic Self-Beliefs: A Chinese Adaptation of the General Self-efficacy Scale". *Psychologia*, 38, 174-181.

后 记

  本书是在博士论文和博士后出站报告的基础上修改而成，在论著将要完成之际，感慨颇多。

  有时候觉得自己是幸运的，总能在人生的某些节点遇到生命中的贵人。首先，要感谢我的博士导师秦启文教授，是他圆了我的博士梦。我从秦老师身上感受到的不仅仅是他学识的渊博、思维的敏锐，更重要的是他对学生做人做事做学问方面的教导，总是让人醍醐灌顶。秦老师尊重学生的研究兴趣，支持学生的研究想法，也能及时指出研究思路中的问题。当年确定将"乐观偏差"作为博士论文的研究议题之后，我去和秦老师探讨自己的研究设想，秦老师没有直接指出我的研究设想中存在的问题，而是问我："你的研究设想是否表明自己也存在乐观偏差？"秦老师通过这种方式希望我能够自己发现研究设想中存在的问题，他曾经告诉学生们，自己发现问题很重要，这是对思维的一种训练。读博期间的磨砺，促进我迅速成长。在此，我要衷心对秦老师说一声谢谢，感谢他的良苦用心，感谢他的培养。另外，我要感谢黄希庭老师，黄老师德高望重，他老人家面对学生时总是和蔼可亲，让人如沐春风。感谢黄老师对我博士论文提出的宝贵意见，他严谨的治学态度和不倦的科研精神是我学习的榜样！

  其次，我要感谢我的博士后合作导师——华东师范大学心理与认知科学学院的郭秀艳教授。当年在决定申请郭老师的博士后时，心里忐忑不安，不知道学术造诣颇高的郭老师是否会接收我。当我来到华东师范大学见到郭老师时，郭老师的平易近人消除了我的忐忑。郭老师不仅在学术上引领我，也非常关心我的生活。在华东师范大学的博士后研究经历，让我更加懂得学无止境以及做学问一定要严谨、要专注、要耐得住寂寞！郭老师对学生要求严格，这种严格体现在对每一个实验指导语措辞的揣摩上，体现在对每一个实验程序细节的反复检查上，体现在对心理学研究的严谨态度上，只有这样的严谨态度，才能保证每一项心理学研究的科学性。每周参加郭老师研究生团队的组会，是我"深受打击"又"激动不已"的时刻，让我得以开阔眼界，了解心理学研究的前沿和热点。李林老师、郑丽老师、晓丽、小艳和志远等对我博士后期间的研究给予了帮助，在此对他们表达我诚挚的谢意！

我的母亲是一名教师，正是因为她对我从小在学习上的严格要求以及她自己对知识的热爱熏陶了我、影响了我，支撑我坚持在求学路上一直前进。感谢我的父母和家人在我求学路上的支持和无私奉献，没有你们，我无法在求学之路上坚定地走下去！

最后，还要感谢郑州师范学院的领导和同事，感谢社会科学文献出版社编辑的鼎力支持和帮助，使得论著得以顺利出版，谢谢你们的支持和帮助！在此，还要一并对论著中所有引用的参考文献的作者表示深深的谢意！

图书在版编目（CIP）数据

乐观偏差的影响因素／陈瑞君著. -- 北京：社会
科学文献出版社，2021.9
ISBN 978-7-5201-8878-4

Ⅰ.①乐… Ⅱ.①陈… Ⅲ.①大学生-青年心理学-
研究 Ⅳ.①B844.2

中国版本图书馆 CIP 数据核字（2021）第 166996 号

乐观偏差的影响因素

著　　者／陈瑞君

出 版 人／王利民
组稿编辑／曹长香
责任编辑／郑凤云
责任印制／王京美

出　　版／社会科学文献出版社（010）59367162
　　　　　地址：北京市北三环中路甲 29 号院华龙大厦　邮编：100029
　　　　　网址：www.ssap.com.cn
发　　行／市场营销中心（010）59367081　59367083
印　　装／三河市尚艺印装有限公司

规　　格／开 本：787mm×1092mm　1/16
　　　　　印 张：13.75　字 数：170 千字
版　　次／2021 年 9 月第 1 版　2021 年 9 月第 1 次印刷
书　　号／ISBN 978-7-5201-8878-4
定　　价／89.00 元

本书如有印装质量问题，请与读者服务中心（010-59367028）联系